用主題範例
學運算思維與程式設計

使用 Halocode 光環板與 Scratch3.0(mBlock5)
含 AIoT 應用專題

王麗君　編著

程式檔案、範例教學影片下載說明：
本書程式檔案、範例教學影片請至台科大圖書網站（http://tkdbooks.com/）圖書專區下載；或可直接於台科大圖書網站首頁，搜尋本書相關字（書號、書名、作者），進行書籍搜尋，搜尋該書後，即可下載本書程式檔案、範例教學影片內容。

序言 Preface

　　光環板（Halocode）是一款直徑 45 公釐（mm），內建藍牙（Bluetooth）與無線網路（WiFi）的單板電腦，由童心制物（Makeblock）設計製造，目的是將人工智慧與物聯網應用於教育科技，降低程式設計的門檻，讓每個人容易實踐創意想法，創造多元學習作品。

　　本書運用運算思維架構來進行主題式範例程式設計，依據 Halocode 的特性，分成 Halocode 基本功能程式設計、Halocode 與角色互動、Halocode 與 Halocode 及其他設備（例如 mBot）的互動、Halocode 與人工智慧、物聯網的應用等六大構面，並詳細介紹 Halocode 在科學、科技、工程、藝術與數學（STEAM）等應用範例，輕鬆激發學習者的多元智能、創造力與想像力。同時，在生活情境主題範例中，首先以「小試身手」認識 Halocode 硬體感測器元件與對應的 mBlock 積木，接著規劃 Halocode 專題功能與 Halocode 互動的流程，之後再設計程式、執行程式讓 Halocode 實踐想法。如此以點、線、面方式循序漸進引導學習者養成邏輯思考能力、問題解決能力與運算思維能力。

　　感謝勁園‧台科大圖書公司的協助與支持，讓本書能順利出版，本書雖謹慎編寫、細心校對，錯誤疏漏之處仍尚祈賜正，以為改進之參考。本書優點請告知周遭朋友，謝謝！

王麗君 謹致

哈囉～我是圓仔，Halocode 有許多有趣的功能喔！讓我們一起來探討吧！

目錄

1 Chapter 認識 Halocode

1-1	Halocode 簡介	2
1-2	mBlock 5 程式下載與安裝	3
1-3	電腦連線 Halocode	9
1-4	手機遙控 Halocode	14
課後練習		17

2 Chapter Halocode 百變 LED

2-1	「Halocode 百變 LED」專題規劃	20
2-2	哇！Halocode 彩虹	28
2-3	Halocode 星空與閃爍的星星	29
2-4	Halocode 大聲公看誰最亮	32
2-5	Halocode 彩色霓虹	33
課後練習		36

3 Chapter Halocode 與角色互動：搖搖盃短跑競賽

3-1	「搖搖盃短跑競賽」專題規劃	40
3-2	新增設備、角色與背景	45
3-3	Halocode 與角色互動	47
3-4	Halocode 控制角色移動	50
3-5	電腦麥克風控制角色移動	53
3-6	判斷終點	55
課後練習		57

Contents

Halocode 與人工智慧：猜猜我是誰

4-1	人工智慧	60
4-2	「猜猜我是誰」專題規劃	65
4-3	新增設備、角色與背景	66
4-4	人工智慧語音識別	68
4-5	人工智慧文字識別	74
4-6	人工智慧性別檢測	80
課後練習		85

Halocode 與 STEAM 應用：18 禁賽車

5-1	「18 禁賽車」專題規劃	90
5-2	人工智慧人臉識別	95
5-3	背景動畫	99
5-4	Halocode 控制角色移動	100
5-5	角色由上往下移動	105
5-6	偵測碰到角色	107
課後練習		110

Halocode 與無線網路：Halocode 遙控 Halocode

6-1	「Halocode 遙控 Halocode」專題規劃	114
6-2	Halocode 連接無線網路	122
6-3	語音識別與雲訊息	124
6-4	Halocode 接收雲訊息	127
課後練習		129

Chapter 7　Halocode 與物聯網：語音播氣象

- 7-1 「語音播氣象」專題規劃　　134
- 7-2 Halocode 連接無線網路　　141
- 7-3 語音識別與上傳模式廣播　　143
- 7-4 角色接收上傳模式訊息　　146
- 課後練習　　149

Chapter 8　Halocode 與藍牙：Halocode 區域廣播 Halocode

- 8-1 Halocode 與區域網路　　152
- 8-2 「Halocode 區域廣播 Halocode」專題規劃　　153
- 8-3 區域網路廣播　　156
- 8-4 區域網路即時回饋搶答　　160
- 課後練習　　167

Chapter 9　Halocode 遙控 mBot 賽車

- 9-1 「Halocode 遙控 mBot」專題規劃　　172
- 9-2 Halocode 連接無線網路　　177
- 9-3 Halocode 發送雲訊息　　178
- 9-4 角色接收雲訊息　　179
- 9-5 mBot 接收廣播移動　　181
- 課後練習　　183

Chapter 10　當 Halocode 遇上激光寶盒

- 10-1 認識激光寶盒　　186
- 10-2 下載並安裝激光寶盒程式　　187
- 10-3 當 Halocode 遇上激光寶盒　　193

附錄　課後練習參考答案　　195

認識 Halocode

1-1　Halocode 簡介
1-2　mBlock 5 程式下載與安裝
1-3　電腦連線 Halocode
1-4　手機遙控 Halocode

本章學習目標

1. 認識 Halocode 組成元件。
2. 能夠下載並安裝 mBlock 5 程式。
3. 能夠利用電腦連接 Halocode 設計程式。
4. 能夠利用手機遙控 Halocode。

本章將認識 Halocode 組成元件、下載並安裝 mBlock 5 程式，利用電腦與手機體驗 Halocode 基本功能。

1-1 Halocode 簡介

Halocode 由 Makeblock 設計，是一塊直徑 45 公釐（mm），內建 32 位元雙核心處理器、藍牙（Bluetooth）與無線（WiFi），能夠無線連接網路的單板電腦。學習者利用手機、平板或電腦，以 **mBlock** 程式語言的**積木**或 **Python**，設計程式控制 Halocode，體驗**人工智慧**（AI）與**物聯網**（IoT）等創意程式設計。

▬ Halocode 組成元件

Halocode 的正面與反面組成元件如下圖所示：

▶ Halocode 正面

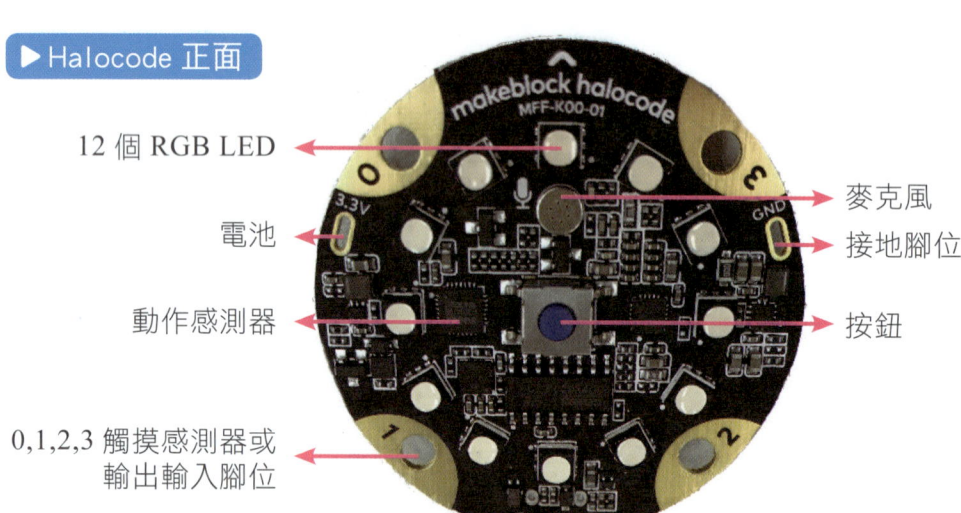

▶ Halocode 反面

Chapter 1　認識 Halocode

1-2　mBlock 5 程式下載與安裝

　　mBlock 5 分成連線版與離線版，連線版以瀏覽器連接 mBlock 網站設計程式；離線版則是下載 mBlock 5 到電腦安裝之後，在沒有網路連線狀態下設計程式。

一　下載與安裝 mBlock 5 離線版

Step 1　開啟瀏覽器，輸入 mBlock 5 官方網址「http://www.mblock.cc」。

Step 2　點選 Download （立即下載）。

Step 3　依據電腦的作業系統，在 Windows 選單，點選 下載 。

Step 4 下載完成，點按螢幕左下方「V5.2.0.exe」，開始安裝。

Step 5 點選 繁體中文 ，再按 確定 。

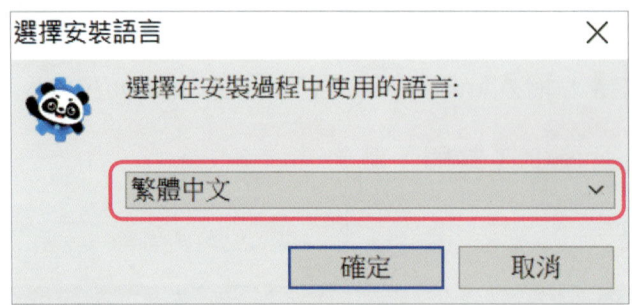

Step 6 按 3 次 下一步 ，確認「安裝路徑」、「開始功能表的資料夾」與「建立桌面圖示」，再按 安裝 ，開始安裝。

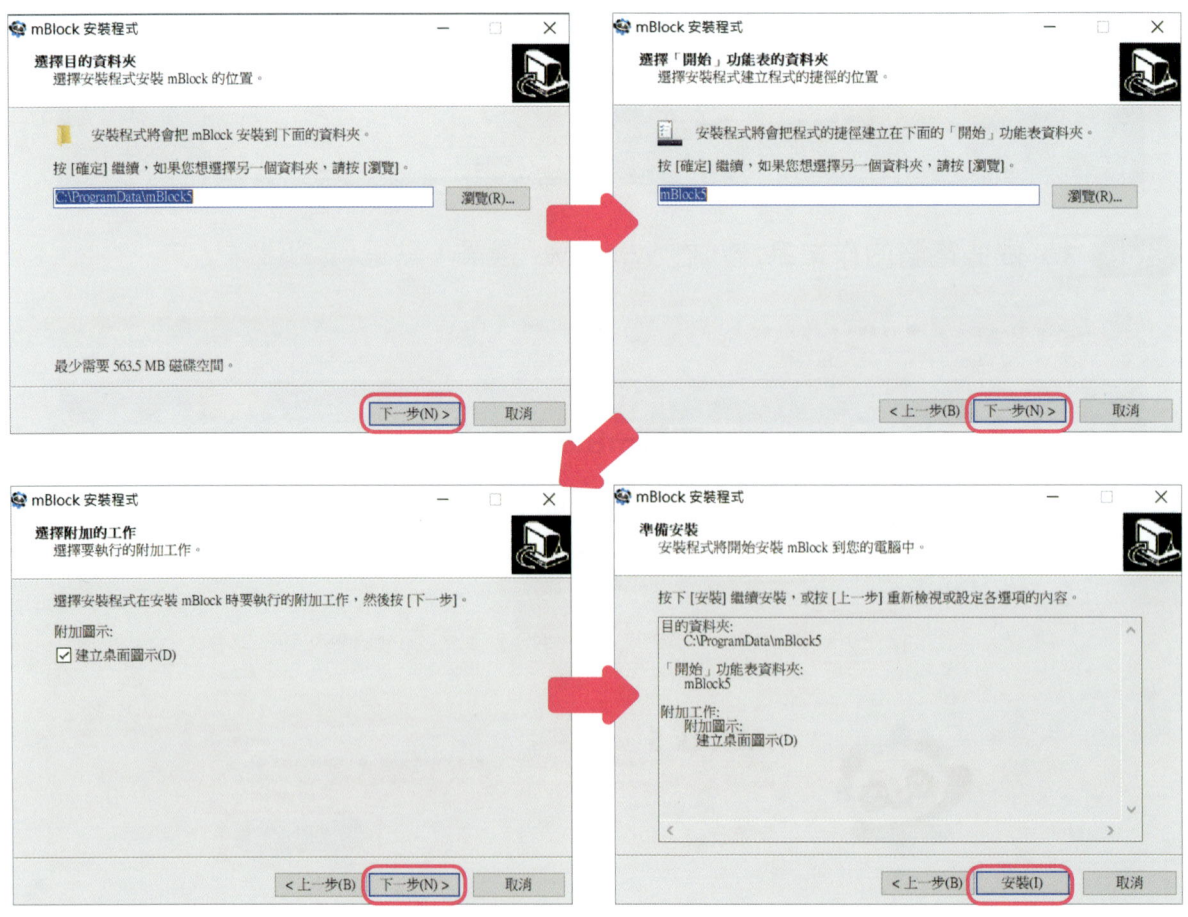

Chapter 1　認識 Halocode

Step 7　安裝完成，點按 完成 ，自動開啟 mBlock 5 視窗。

■ mBlock 5 視窗

　　mBlock 5 程式視窗主要分成：（A）功能選單；（B）舞台；（C）設備、角色與背景；（D）積木；（E）程式。

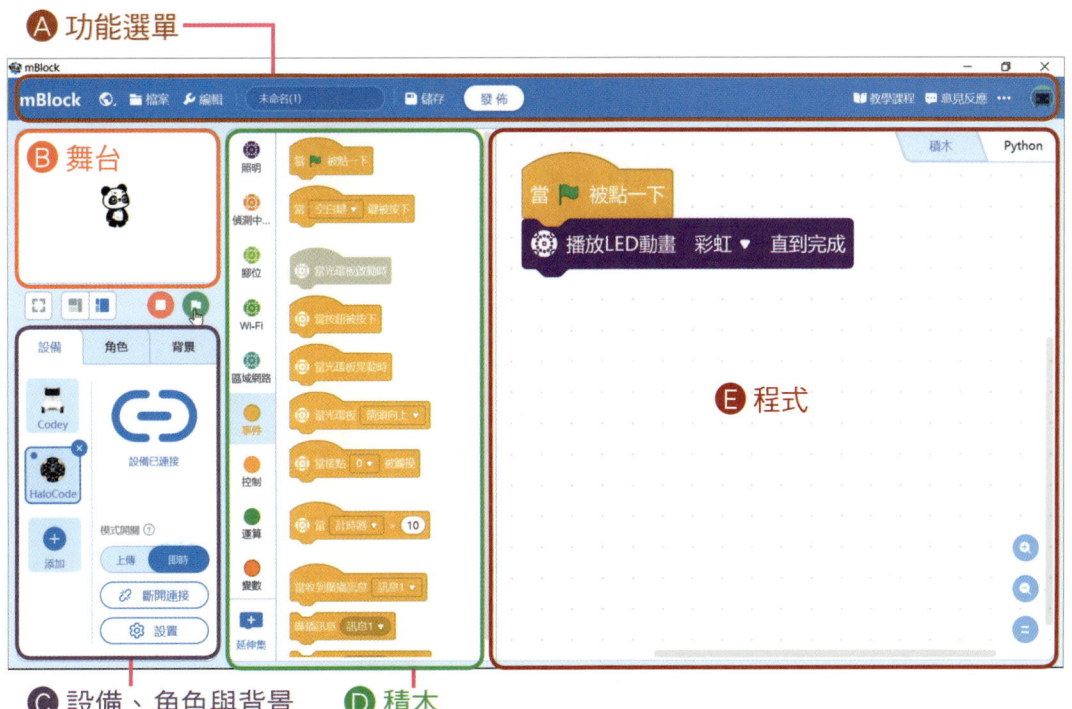

註　mBlock5 開啟預設的設備是「Codey」（程小奔）。

5

用主題範例學運算思維與程式設計

1 功能選單

2 舞台

舞台的功能在預覽程式執行結果。

Chapter 1　認識 Halocode

3 設備、角色與背景

切換設備、角色與背景相關的功能、積木與程式編輯區。

4 積木

當設備、角色與背景切換時，積木程式隨著變換，程式的積木以顏色與形狀區分程式執行的功能。

5 程式

程式區能夠切換「積木」與「Python」程式語言的編輯視窗。

▶ 設備

以積木或 Python 編輯程式

▶ 角色

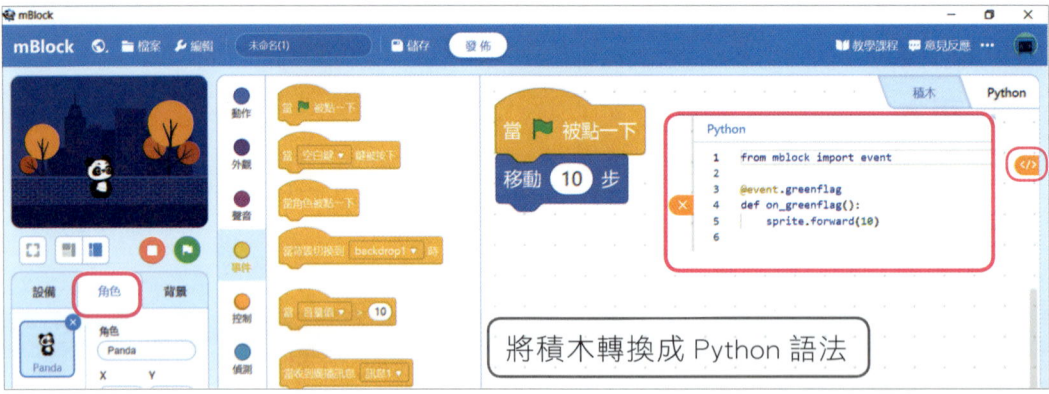

將積木轉換成 Python 語法

Chapter 1　認識 Halocode

1-3　電腦連線 Halocode

一　電腦連線 Halocode

Step 1　將 Halocode 的 Micro USB 序列埠與電腦的 USB 連接。

Step 2　開啟 mBlock 5。

Step 3　在 設備 按 添加 ，點選 Halocode ，再按 確認 。

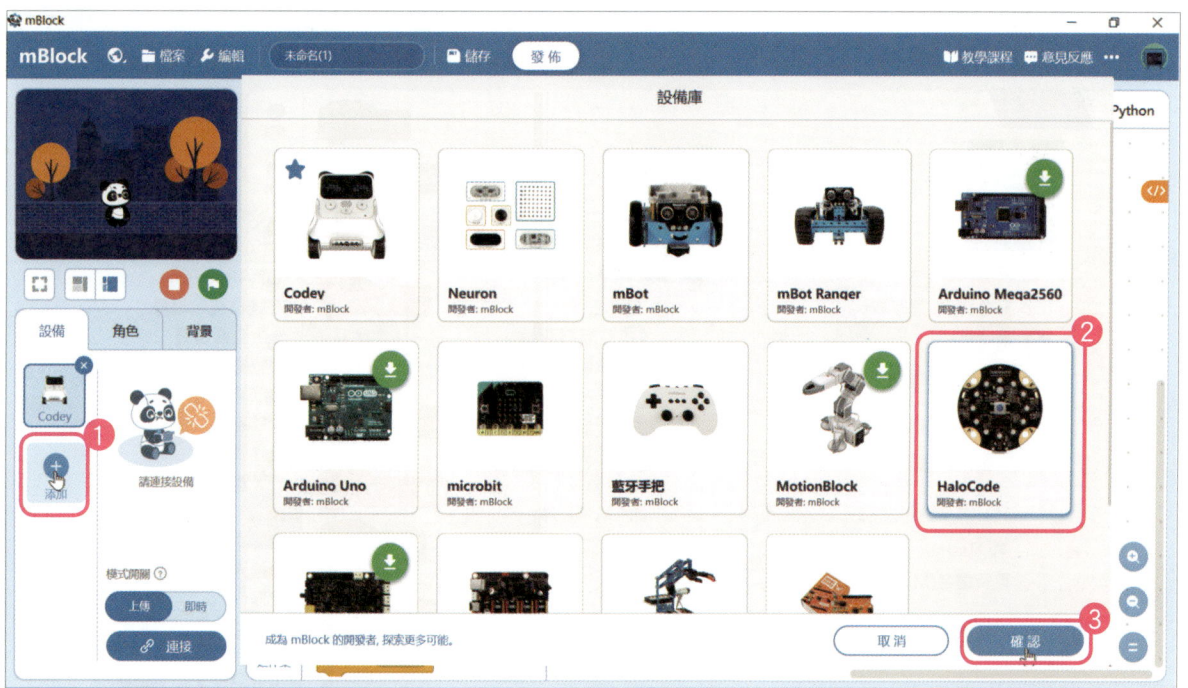

註　如果有 ⬇ 下載更新圖示，先點選 ⬇ 裝置更新 。

9

Step 4 按 連接 連接，電腦顯示連接序列埠「COM14」，再按 連接 ，將電腦連接 Halocode。

Step 5 點按 Codey 的 × 刪除，刪除程小奔（Codey）。

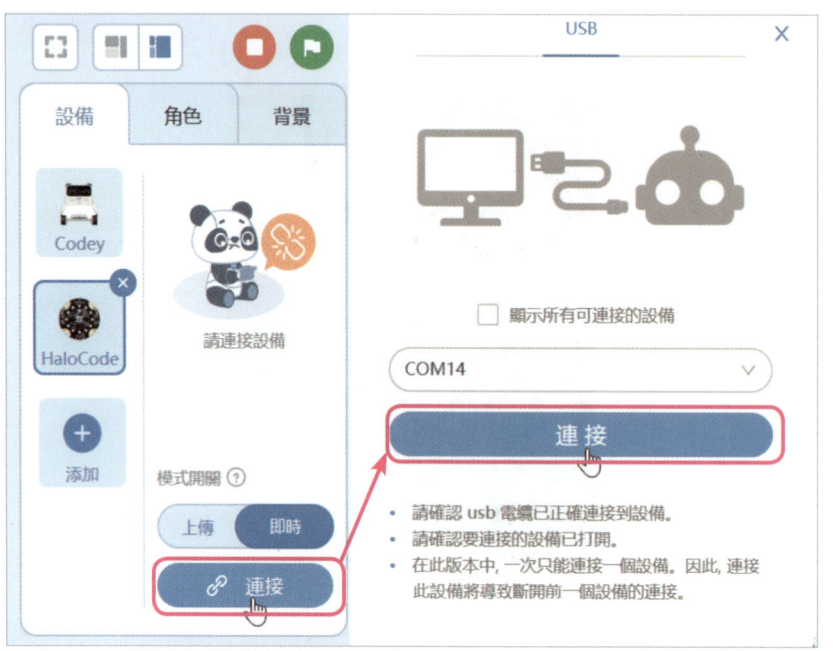

註 每台電腦連接 Halocode 的連接埠（COM 值）都不相同，查詢連接埠的方法：
在電腦桌面「本機」圖示按右鍵，點選 管理 的 裝置管理員 ，在連接埠（COM 和 LPT）裝置顯示「USB-SERIAL CH340（COM14）」，COM14 就是 Halocode 與電腦的連接埠。

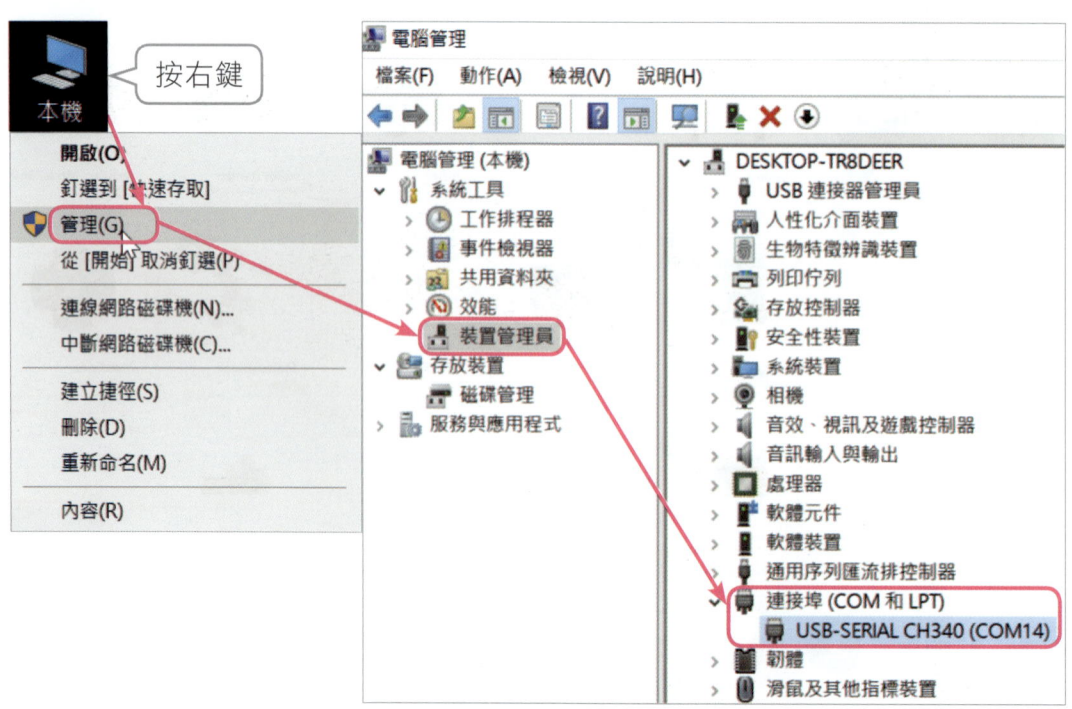

Chapter 1　認識 Halocode

Halocode 連線方式

電腦連接 Halocode 編輯程式的方式，分為「即時模式」與「上傳模式」。

即時模式讓 Halocode 與電腦「連線執行程式」或「即時傳遞感測器相關的資訊」。

上傳模式必須將程式上傳到 Halocode，以「離線」方式不需要連接電腦，就能夠執行程式。

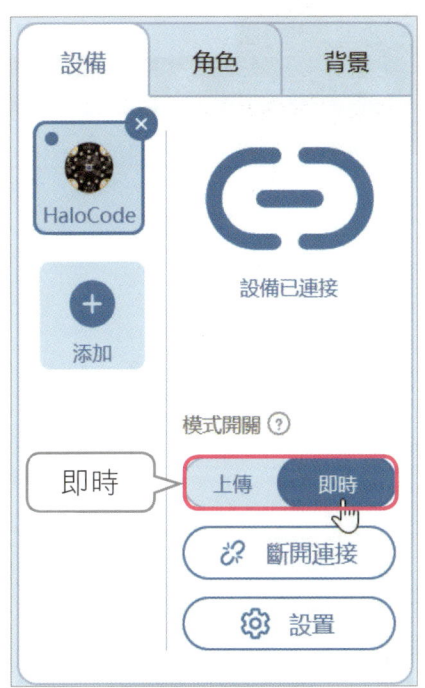

▶ 即時模式

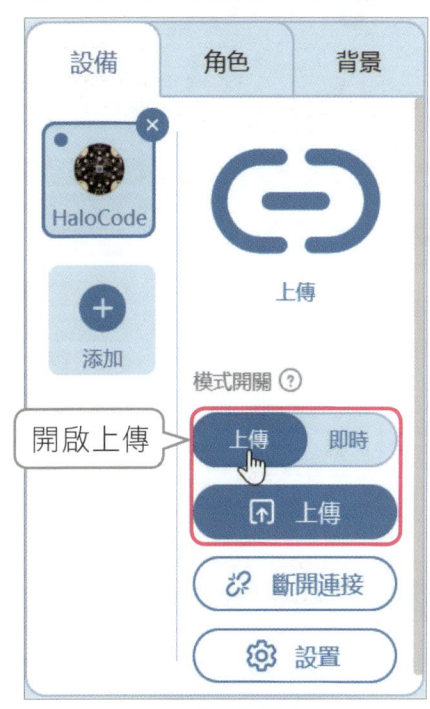

▶ 上傳模式

小試身手 1　比比看，誰的 LED 亮最多（即時模式）

聲控 Halocode LED 數量，聲音愈大聲，LED 亮燈的數量愈多。

1 積木功能

積木類別	積木與功能
事件	當接點 0 被觸摸　當觸摸 Halocode 的「0」觸摸感測器時，開始執行程式。
控制	不停重複　重複執行 LED 光環亮燈與麥克風音量值。
照明	LED光環顯示 100 %　Halocode 的 12 個 LED 依照比例亮燈。
偵測中	麥克風收音響度　傳回 Halocode 的麥克風音量值。

11

2 動手實做

Step 1 拖曳下圖積木，並勾選麥克風收音響度，在舞台顯示麥克風音量值。

Step 2 觸摸「0」觸摸感測器，對著麥克風發出聲音，檢查是否音量愈大，LED 亮燈的數量愈多，同時舞台「顯示」麥克風收音響度。

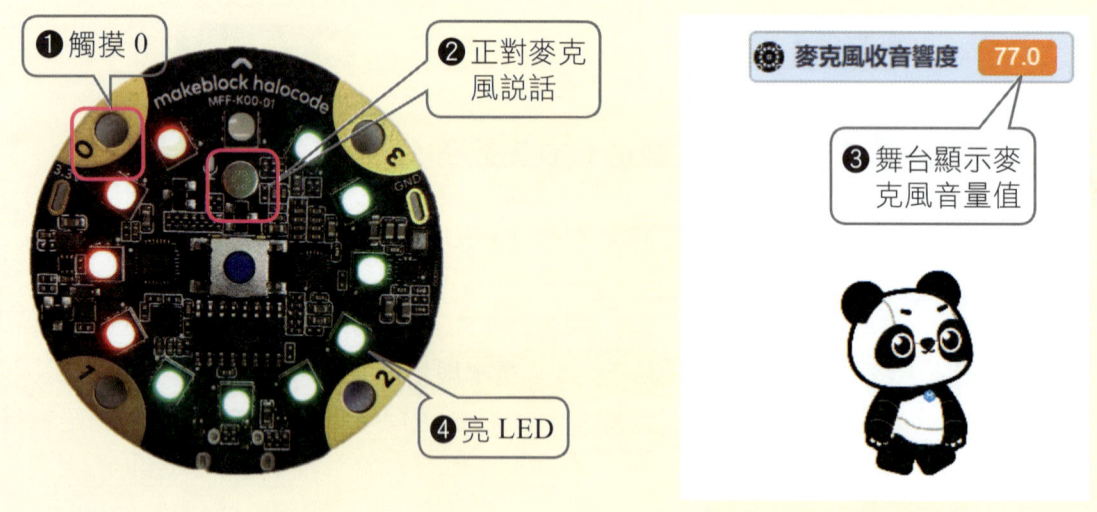

Step 3 系統預設為「即時模式」，因此，舞台顯示即時的麥克風音量值。

Chapter 1　認識 Halocode

小試身手 2　比比看，誰的 LED 亮最多（上傳模式）

Step 1　點選 `上傳 即時` 開啟「上傳模式」。

Step 2　按 `上傳` 上傳，將程式寫入 Halocode。

Step 3　點選 `斷開連接`，讓電腦與 Halocode 未連線。以後只要開啟電源，Halocode 不需要連線 mBlock 5，就能夠執行程式。

Step 4　觸摸「0」觸摸感測器，對著麥克風發出聲音，檢查是否音量愈大，LED 亮燈的數量愈多，但是舞台「不顯示」麥克風收音響度。

Step 5　上傳模式不會傳回感測器的即時資訊值。

1-4 手機遙控 Halocode

手機或平板利用藍牙連接 Halocode 操作步驟如下：

Step 1 利用手機遙控 Halocode 之前，必須先到手機的 App Store 或 play 商店下載手機版 mBlock 程式，同時開啟手機藍牙。

Step 2 在手機 App store 輸入「mBlock」，再點選 下載，下載完成，點選 打開 。

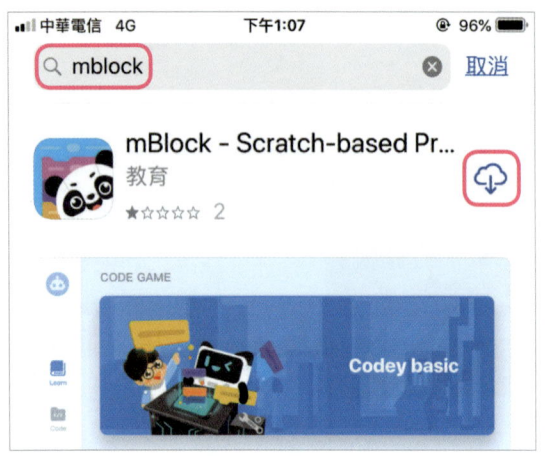

Step 3 點選 編碼，再按 ＋ 「新增 Halocode」。

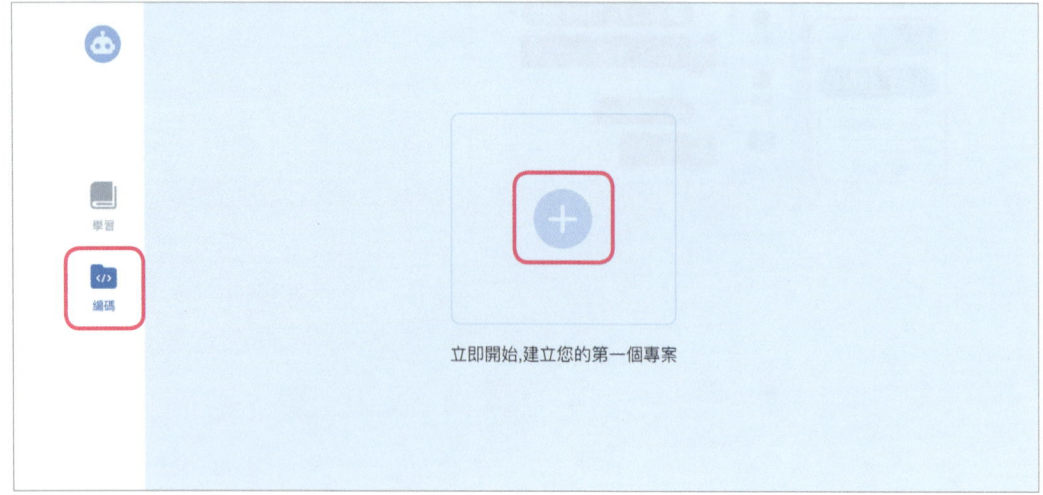

Chapter 1　認識 Halocode

Step 4 點選 Halocode ，再按右上方 ✓ 。

Step 5 點選藍牙圖示與 連接 、將手機靠近 Halocode，連線成功，點選 返回到程式碼 。

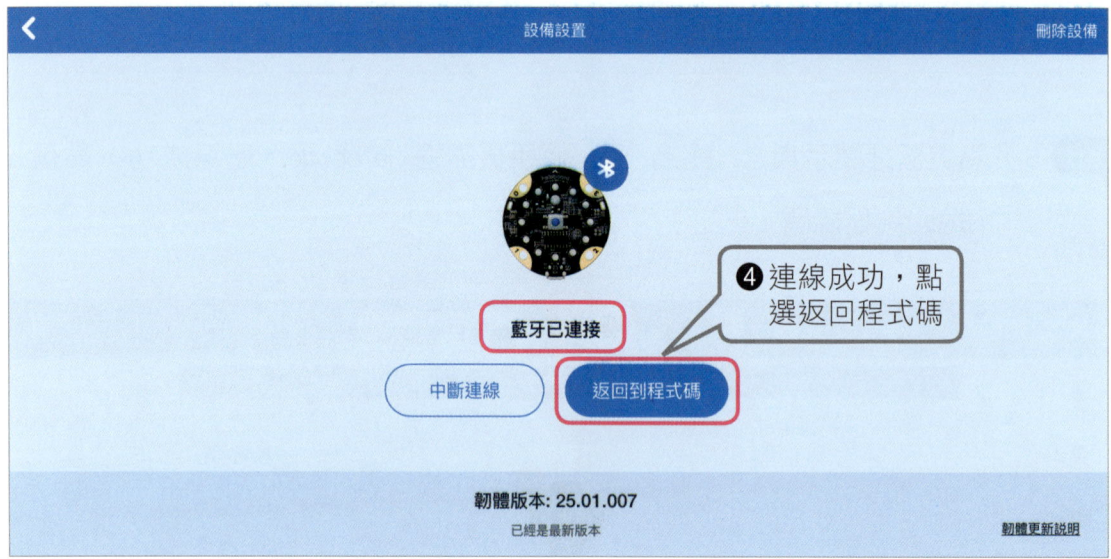

> **Step 6** 手機與 Halocode 連線成功之後，mBlock 手機版與電腦版視窗與操作方式相同。

> **Step 7** 以電腦或手機連接 Halocode，同一時間只能有一種連線方式 USB 或藍牙擇一，不能同時使用電腦 USB 連線與手機藍牙連線。

Chapter 1　課後練習

一、填充題

請寫出下列 Halocode 感測器或元件名稱：

1. _____

2. _____

3. _____

4. _____

5. _____

二、實作題

1. 請利用手機連接 Halocode，讓 Halocode 的 LED 播放彩虹動畫。

2. 請利用手機連接 Halocode，設計觸摸「0」觸摸感測器，對著麥克風發出聲音，音量愈大，LED 亮燈的數量愈多，檢查執行結果是否與電腦版執行結果相同。

用主題範例學運算思維與程式設計

Halocode 百變 LED

2-1 「Halocode 百變 LED」專題規劃
2-2 哇！Halocode 彩虹
2-3 Halocode 星空與閃爍的星星
2-4 Halocode 大聲公看誰最亮
2-5 Halocode 彩色霓虹

本章學習目標

1. 認識 Halocode 按鈕與按鈕積木。
2. 認識 Halocode 觸摸感測器與積木。
3. 認識 Halocode 麥克風與麥克風積木。
4. 能夠應用按鈕、觸摸感測器與麥克風設計 Halocode 百變 LED。

彩虹

星空

夜晚走在大街上盡是閃爍的霓虹燈、廣告招牌或紅綠燈。動動腦，這些「燈」有哪些是由 LED 所組成？LED 又是如何設計它的各種變化？本章將利用 Halocode 的按鈕、觸摸感測器與麥克風，設計 LED 閃爍的方式。

音控 LED 亮度

2-1 「Halocode 百變 LED」專題規劃

本章將設計百變的 LED，由按鈕、觸摸感測器與麥克風等硬體裝置，控制 LED 的變化。當觸摸 0 感測器時，播放彩虹 LED；當觸摸 1 感測器時，LED 播放星空與閃爍的星星；當觸摸 2 感測器時，LED 隨著音量改變亮度；當觸摸 3 感測器時，LED 播放彩色的霓虹。

一、「Halocode 百變 LED」專題規劃

	百變 LED	控制 LED 的元件	LED 的變化方式
1	關閉 LED	按鈕	關閉 LED
2	彩虹	觸摸 0	播放 LED 動畫
3	星空與閃爍的星星	觸摸 1	LED 隨機亮、顏色隨機
4	大聲公看誰最亮	觸摸 2 與麥克風音量	音量愈大聲，LED 亮度愈亮
5	彩色的霓虹	觸摸 3	LED 顏色依順時鐘方向旋轉

二、Halocode 元件與積木功能

Halocode 有 12 個 LED，以順時鐘方向排列，依序為 1 ～ 12、4 個觸摸感測器、按鈕與麥克風，相關位置與積木功能如下圖所示：

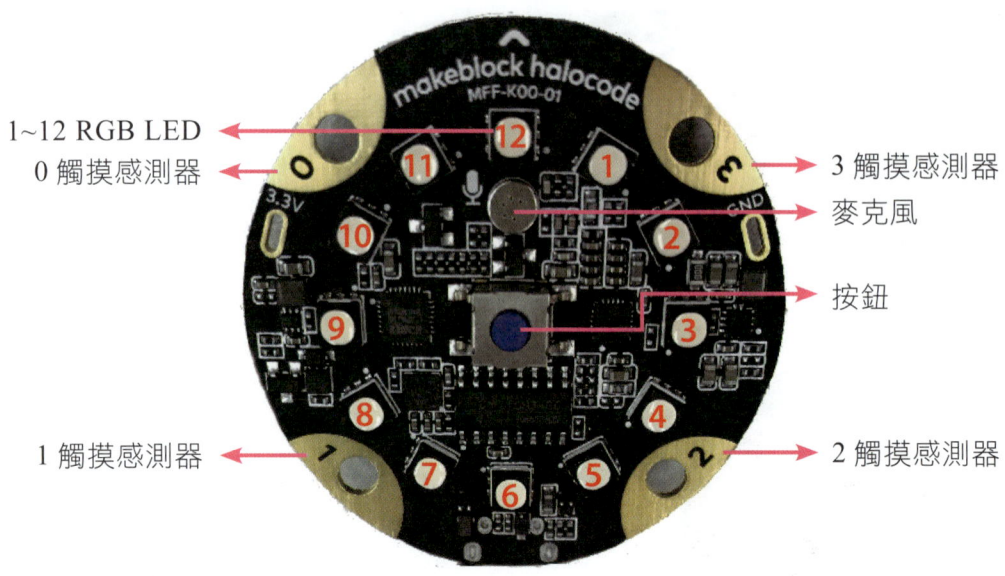

Chapter 2　Halocode 百變 LED

1 按鈕與 LED 積木

Halocode 元件	積木類別	積木與功能	
按鈕	事件	當按鈕被按下	當按下按鈕，開始執行程式。
	偵測中	按下按鍵？	偵測是否按下按鈕。按下傳回 true（真）；未按下傳回 false（假）。
LED	照明	關閉所有LED燈	關閉所有 LED。
		播放LED動畫 彩虹 直到完成	LED 播放彩虹、紡紗、流星、螢火蟲動畫。
		顯示	自訂每個 LED 顏色。
		所有LED燈亮起 亮度 50 %	設定全部 LED 亮燈的顏色與亮度，亮度從 0～100%。
		點亮LED 1 燈配色為 紅 255 綠 0 藍 0	設定個別（1～12）LED 亮燈與亮燈顏色，顏色從 0～255。
		顯示 後 旋轉 1 Led	自訂 LED 顏色，點亮全部 LED 之後，LED 向右旋轉 1 個位置。
		LED光環顯示 100 %	LED 光環依據百分比顯示亮燈數量。

用主題範例學運算思維與程式設計

小試身手 1　開啟 LED

1 開啟 LED

Step 1 將 Halocode 的 Micro USB 序列埠與電腦的 USB 連接，開啟 mBlock 5。

Step 2 在 設備 按 ➕添加，點選 Halocode，再按 確認。

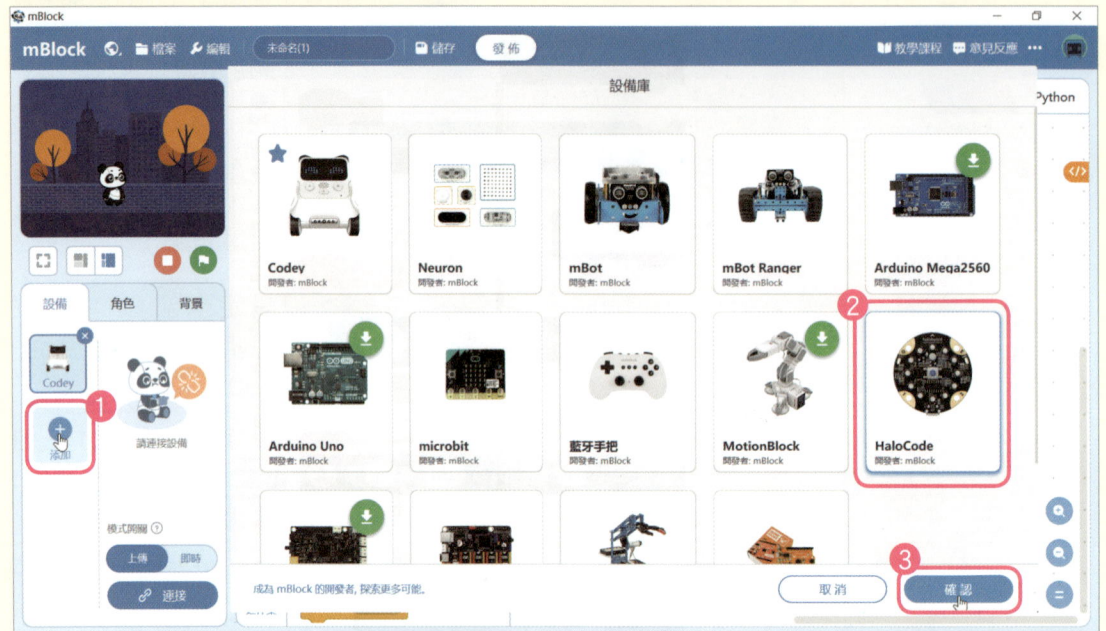

Step 3 按 🔗連接 連接，電腦顯示連接序列埠「COM14」，再按 連接，將電腦連接 Halocode。

Step 4 點按 Codey 的 ✕ 刪除，刪除程小奔（Codey）。

Step 5 按 事件，拖曳 當按鈕被按下，再按 照明，拖曳 播放LED動畫 彩虹▼ 直到完成。

22

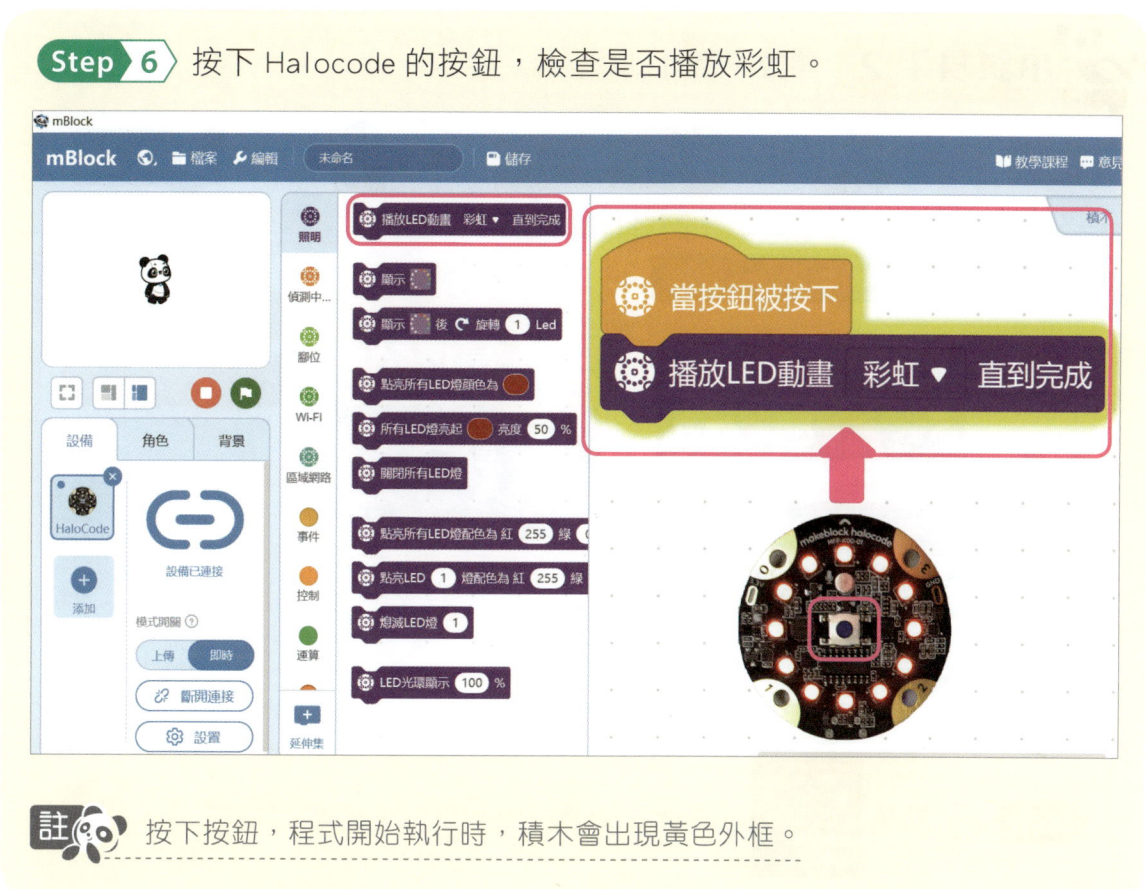

註 按下按鈕，程式開始執行時，積木會出現黃色外框。

2 觸摸感測器積木

積木類別	積木與功能	
事件	當接點 0 ▼ 被觸摸	當觸摸 0～3，開始執行程式。
偵測中	當 0 ▼ 接點被觸摸？	偵測是否觸摸 0～3 感測器。已觸摸傳回 true（真）；未觸摸傳回 false（假）。

用主題範例學運算思維與程式設計

小試身手 2　開啟與關閉 LED

Step 1 按 **事件**，拖曳 `當接點 0▼ 被觸摸`，再按 **照明**，拖曳 `顯示`。

Step 2 點選 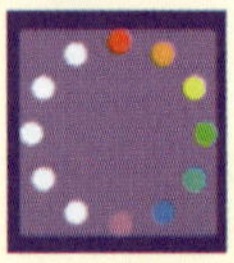 🌈，設計 LED 顏色。

Step 3 先點選 `顏色`，再點選 `LED 的位置`，將顏色填入 LED 位置中。

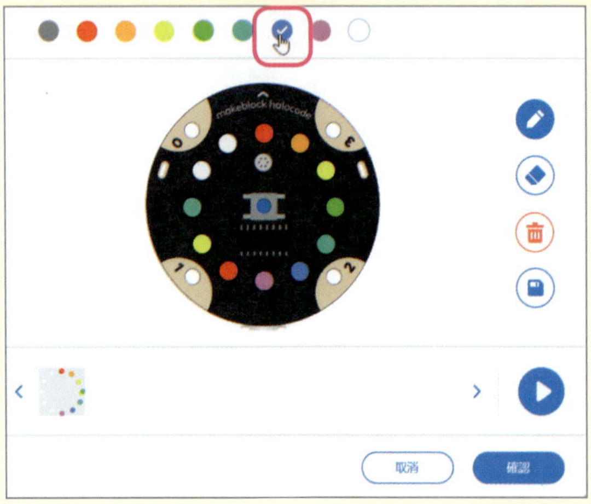

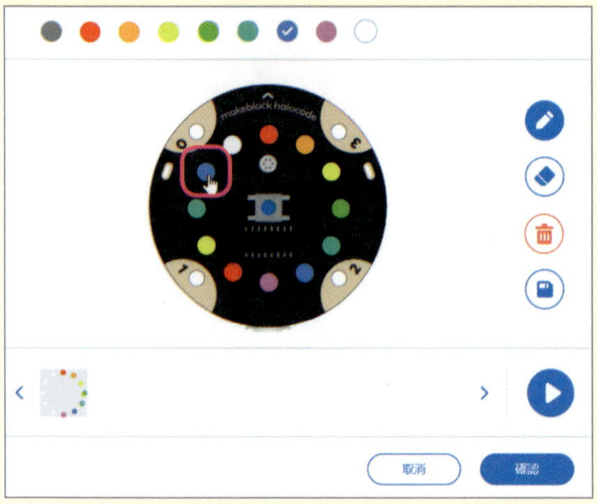

24

Chapter 2　Halocode 百變 LED

Step 4 觸摸 0 感測器，檢查 LED 是否顯示設計的顏色。

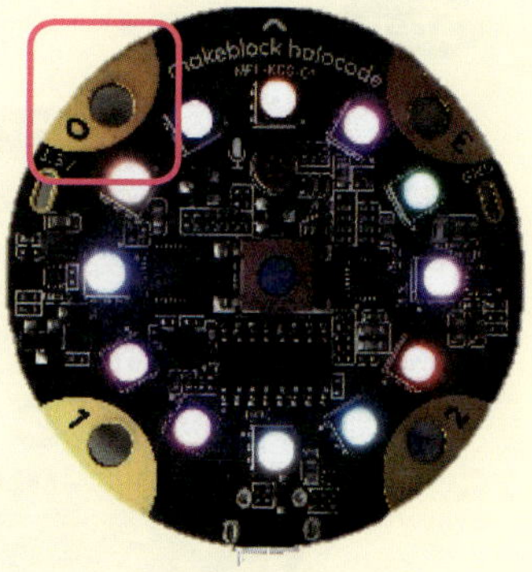

Step 5 按 **控制**，拖曳 等待直到 。

Step 6 按 **偵測中**，拖曳 當 0 接點被觸摸？ 到「等待直到的條件位置」，並點選「1」，等待直到觸摸 1。

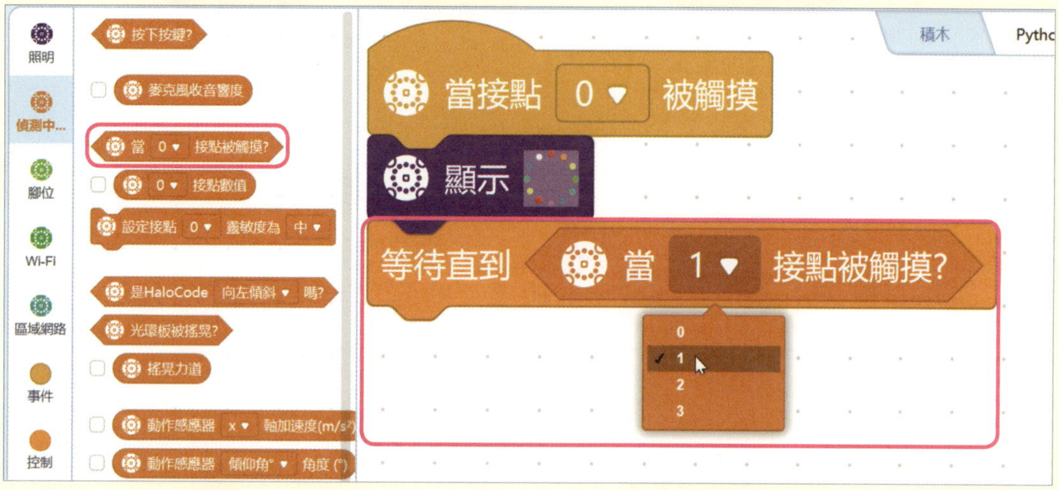

Step 7 按 **照明**，拖曳 關閉所有LED燈，等待直到觸摸 1，關閉所有 LED 燈。

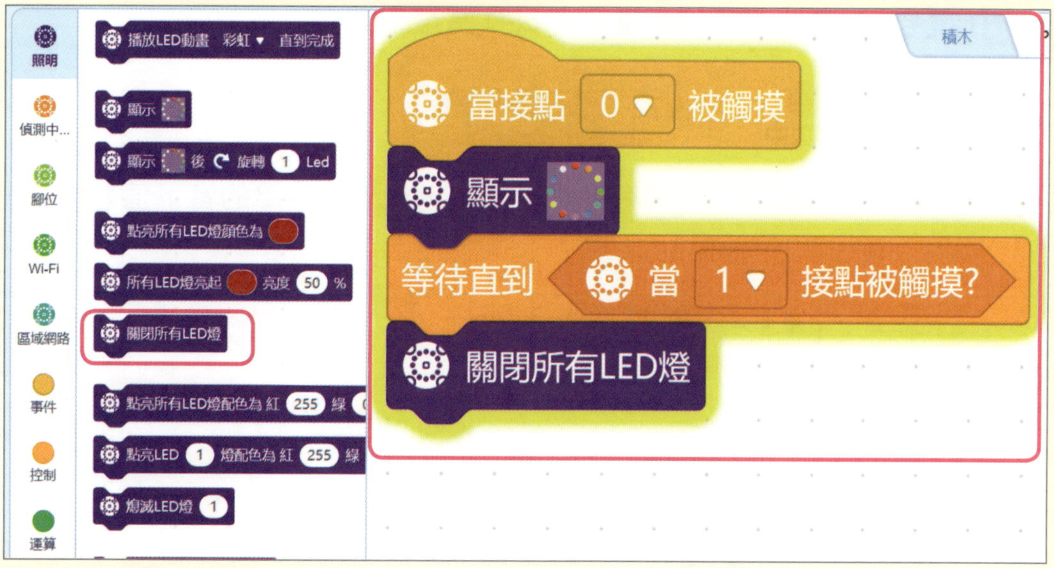

Step 8 觸摸 0，檢查 LED 是否開啟；觸摸 1，檢查是否關閉 LED。

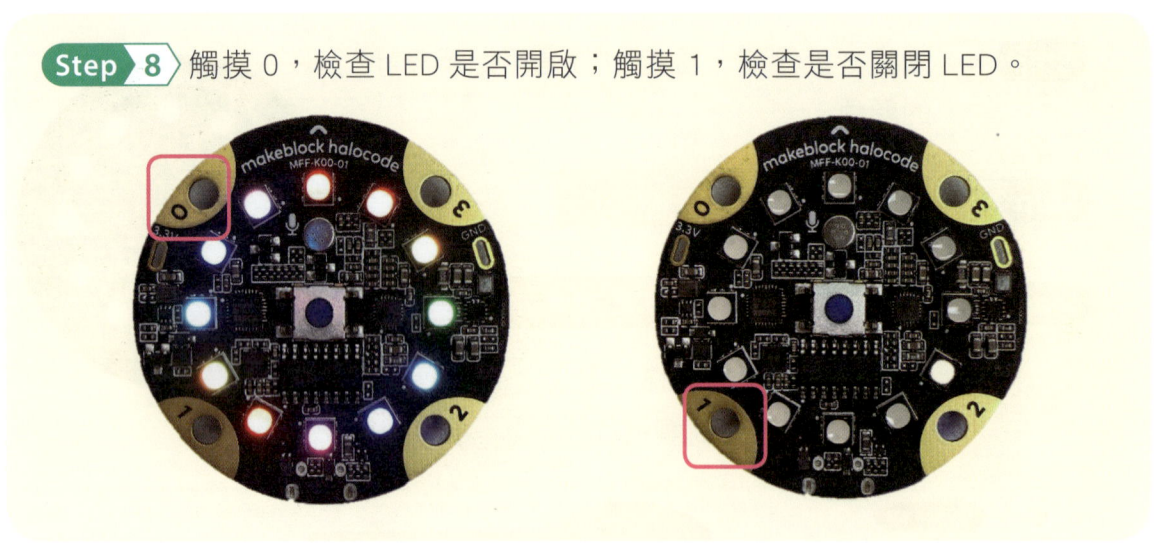

3 麥克風積木

積木類別	積木與功能
事件	當 計時器 > 10 ／計時器／麥克風收音響度 　　當麥克風的音量值大於 10，開始執行程式。
偵測中	麥克風收音響度　　傳回麥克風的音量值，音量值介於 0～100。

小試身手 3　麥克風音量愈大 LED 亮燈愈多

Step 1 按 偵測中，勾選 麥克風收音響度，在舞台顯示麥克風音量值。

Step 2 對著 Halocode 麥克風發出聲音，檢查麥克風的音量值是否介於 0～100 之間。

Chapter 2　Halocode 百變 LED

Step 3　按 **事件**，拖曳 ⬢當 計時器▼ > 10 ，點選 麥克風收音響度 。

Step 4　按 **控制**，拖曳 不停重複 ，重複偵測麥克風收音響度。

Step 5　按 **照明**，拖曳 ⬢LED光環顯示 100 % ，再按 **偵測中**，拖曳 ⬢麥克風收音響度 到「100」位置，讓 LED 光環亮燈數量隨著音量值改變。

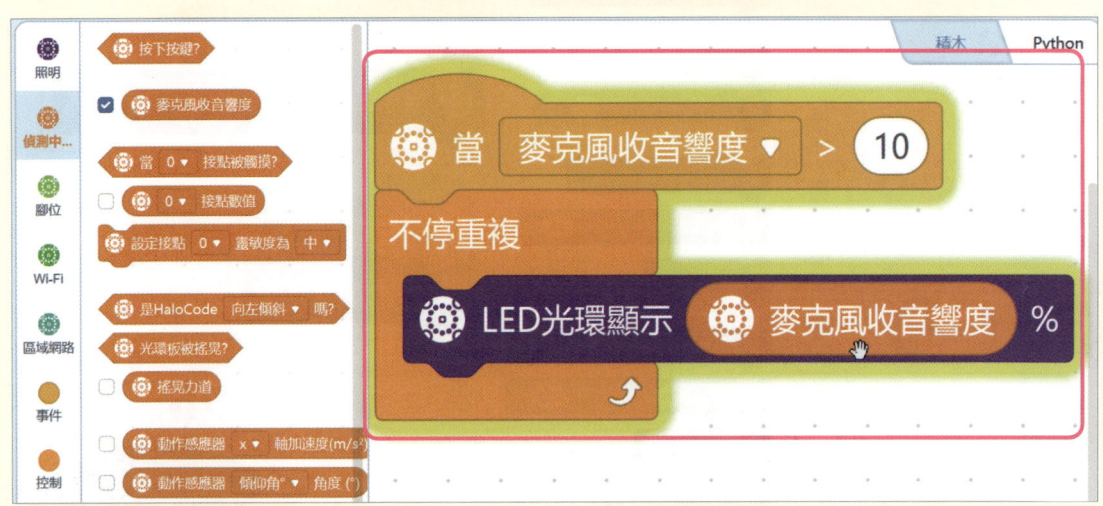

Step 6　對著 Halocode 麥克風發出聲音，檢查聲音愈大聲，LED 亮燈的數量是否愈多。

27

2-2 哇！Halocode 彩虹

當觸摸 0 時，Halocode 播放彩虹動畫。當按下按鈕時，關閉 LED。

Step 1 按  與 ，拖曳下圖積木，當觸摸 0 時，Halocode 播放彩虹動畫，當按下按鈕關閉所有 LED。

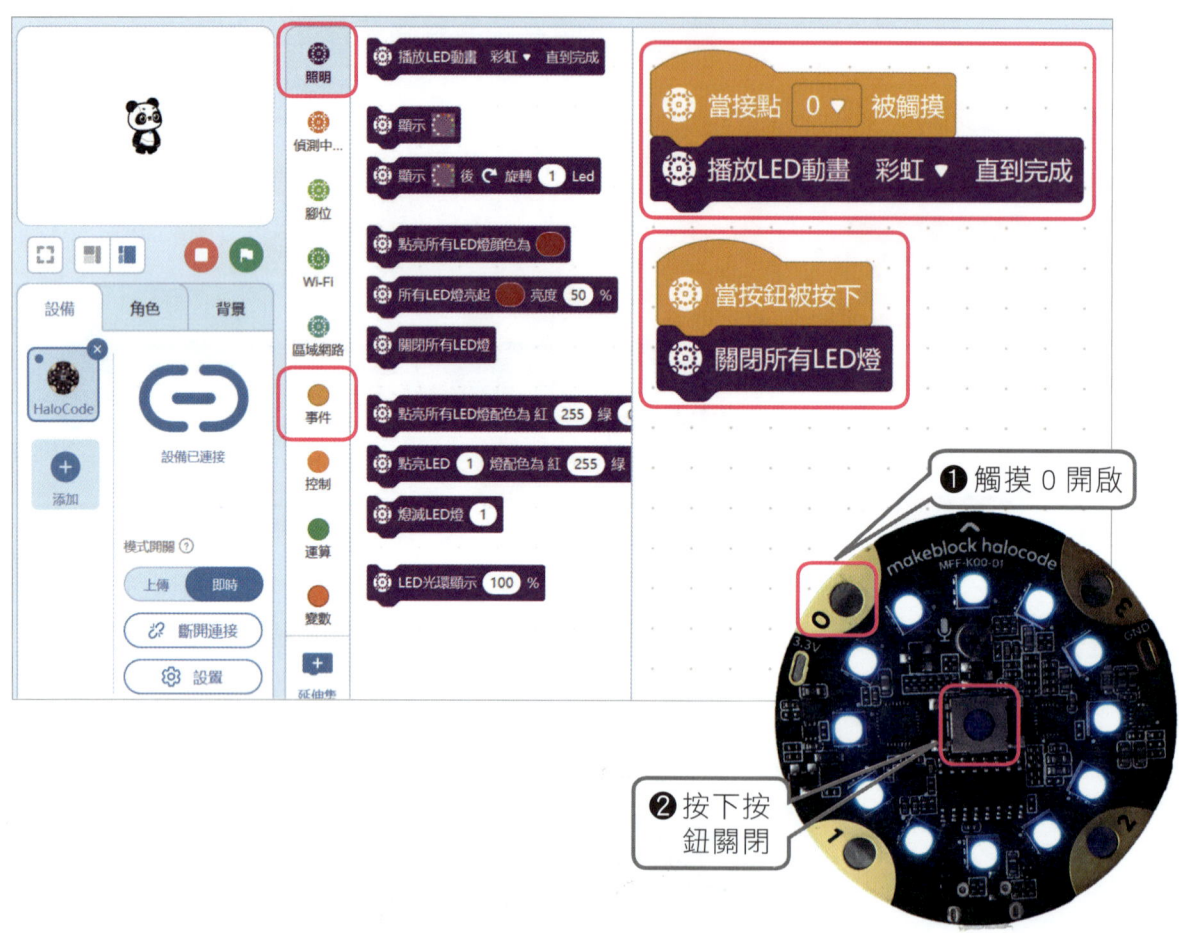

❶ 觸摸 0 開啟

❷ 按下按鈕關閉

2-3 Halocode 星空與閃爍的星星

當觸摸 1 時，Halocode LED 隨機亮燈、LED 顏色隨機，直到按下按鈕，關閉 LED。

一 重複隨機亮 LED

在 ，利用「重複直到」控制 LED 隨機亮。

「重複直到」執行的方式為重複執行內層程式（LED 隨機亮），直到條件（按下按鈕）成立為「真」，才執行下一行程式（關閉 LED）。

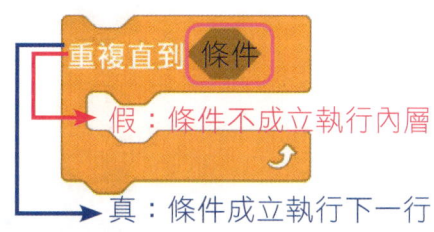

二 隨機設定 LED 顏色與亮燈位置

在 運算 能夠計算數學相關的 (1) 加、減、乘、除等算術運算；(2) 比較前、後兩者之間的大於、小於或等於的關係運算；(3) 比較前、後兩者之間邏輯運算，本節將認識算術運算。

1 算術運算

積木類別	積木與功能	
加	(+)	傳回前、後兩個數相加的結果。
減	(-)	傳回前、後兩個數相減的結果。
乘	(*)	傳回前、後兩個數相乘的結果。
除	(/)	傳回前、後兩個數相除的結果。
隨機取數	從 1 到 10 隨機選取一個數	在第一個數（1）到第二個數（10）之間隨機取一個數。

2 隨機設定 LED 顏色與亮燈位置

在 運算 的 從 1 到 10 隨機選取一個數，設定隨機取數的範圍，如果設定 LED 隨機亮燈，隨機取數的範圍從 1～12；如果設定 LED 為隨機的顏色，隨機取數的範選從 0～255。

Halocode 星空

Step 1 按 事件 與 控制，拖曳下圖積木，當觸摸 1 時，重複執行程式。

Step 2 按 偵測中，拖曳 按下按鍵? 到「重複直到條件」的位置。

Step 3 按 照明，拖曳 點亮LED 1 燈配色為 紅 255 綠 0 藍 0，直到按下按鍵時，重複執行點亮 LED。

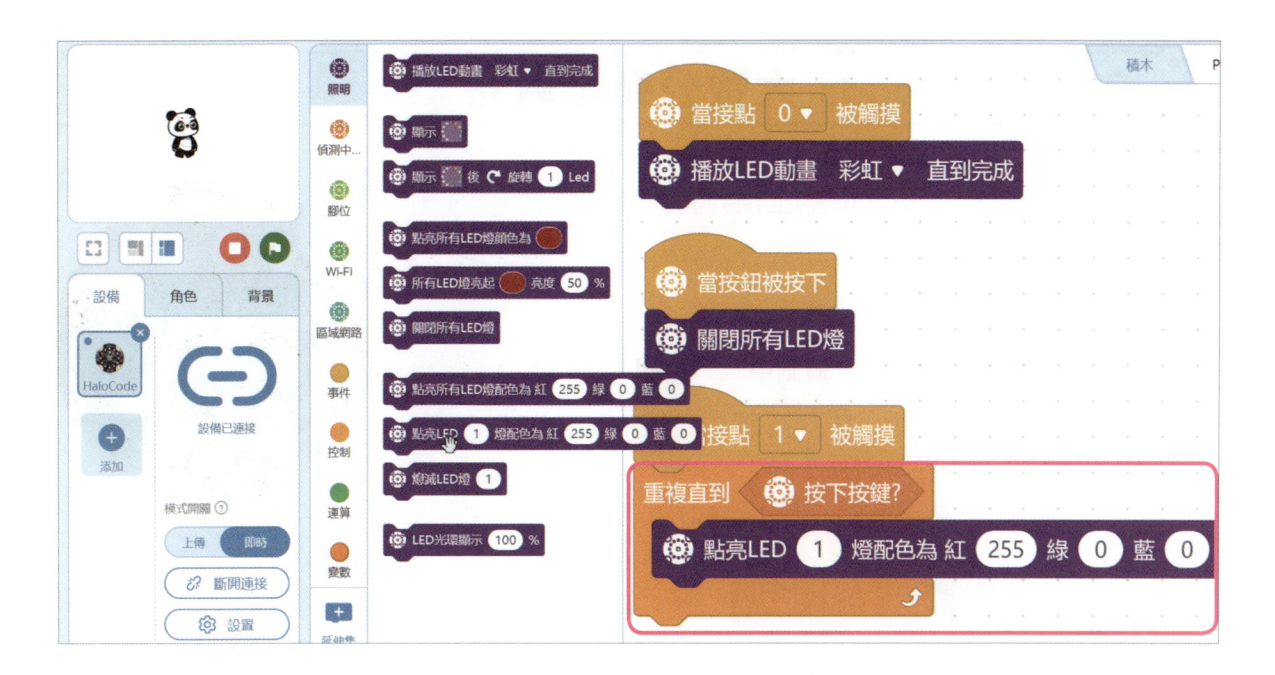

Chapter 2　Halocode 百變 LED

Step 4 按 運算，拖曳 4 個「從 1 到 10 隨機選取一個數」，到點亮 LED，並設定下列參數，隨機點亮 LED，顏色也隨機。

Step 5 觸摸 1，Halocode LED 隨機亮燈、LED 顏色隨機，直到按下按鈕，關閉 LED。

四 Halocode 閃爍的星星

觸摸 1，Halocode LED 隨機亮一顆燈、LED 顏色隨機，1 秒之後關閉，再亮另一顆 LED。

Step 1 拖曳下圖積木，LED 亮燈，1 秒之後關閉，再亮另一顆 LED，像閃爍的星星。

31

2-4　Halocode 大聲公看誰最亮

當觸摸 2 時，Halocode 的 LED 隨著麥克風音量愈大聲，亮度愈亮。

Step 1 按 事件、控制、偵測中 與 照明，拖曳下圖積木，直到按下按鈕之前，全部 LED 亮紅燈，亮度 50%。

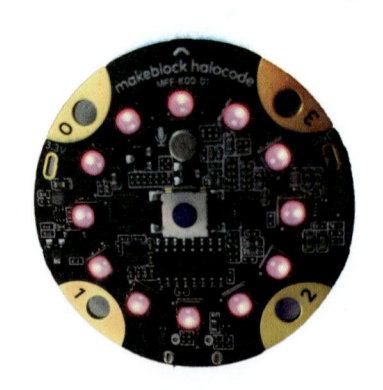

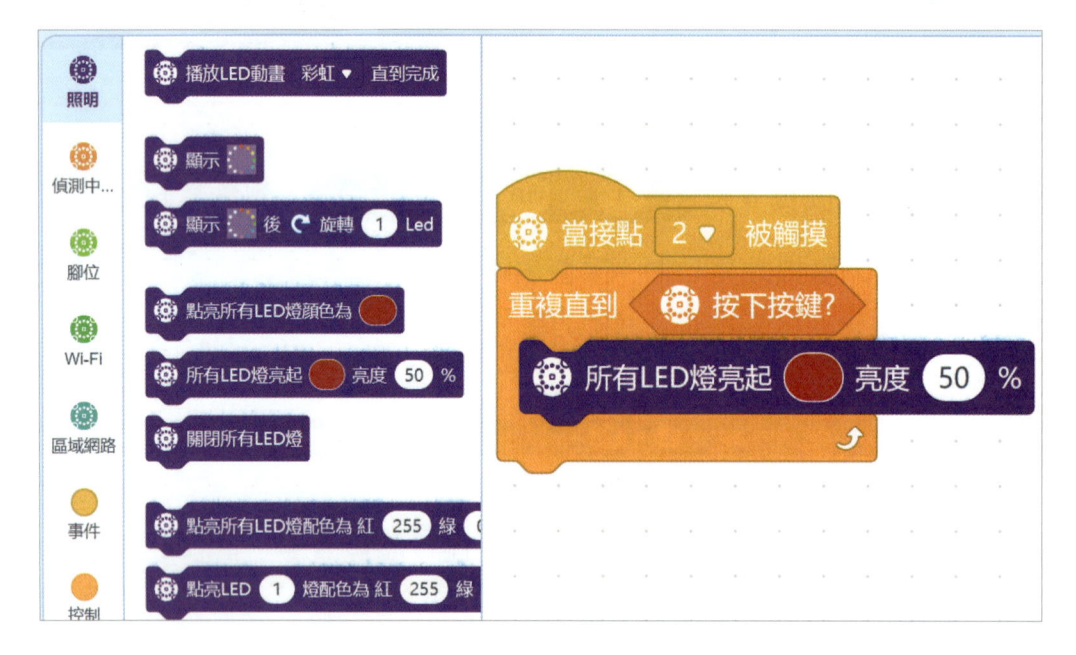

Step 2 按 偵測中，拖曳 麥克風收音響度，讓 LED 亮度隨著麥克風的音量調整。

Step 3 觸摸 2，對著麥克風唱歌，歌聲愈大，LED 亮度愈度亮。

2-5　Halocode 彩色霓虹

當觸摸 3 時，點亮全部 LED 之後，1～12 顆 LED 顏色依順時鐘方向旋轉，顏色重複旋轉，直到按下按鈕關閉 LED。

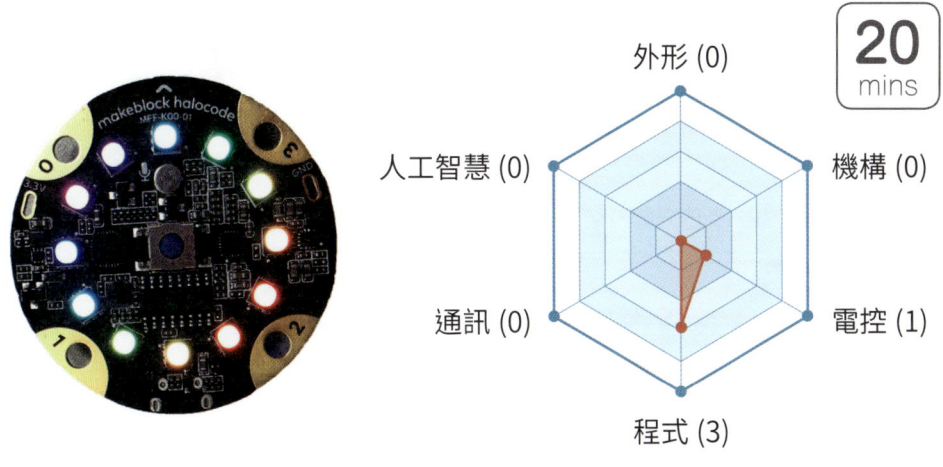

20 mins

・創客指標・

外形	0
機構	0
電控	1
程式	3
通訊	0
人工智慧	0
創客總數	4

外形 (0)、機構 (0)、電控 (1)、程式 (3)、通訊 (0)、人工智慧 (0)

創客題目編號：A027011

一　變數

12 顆 LED 依序往右旋轉，利用變數控制 LED 旋轉的位置，建立一個變數「燈號」。

變數 燈號 設為 1	變數 燈號 改變 1
將燈號設定從 1 號（綠色）LED 開始。 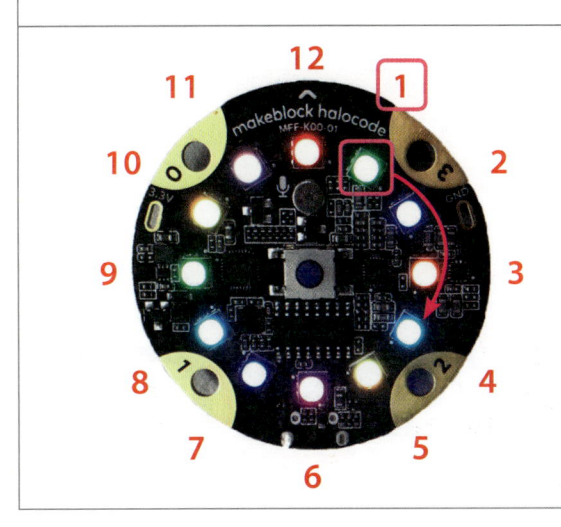	LED 燈號每次加 1，所以 1 號（綠色）LED 燈依序移到 2，3，⋯，12 的位置。 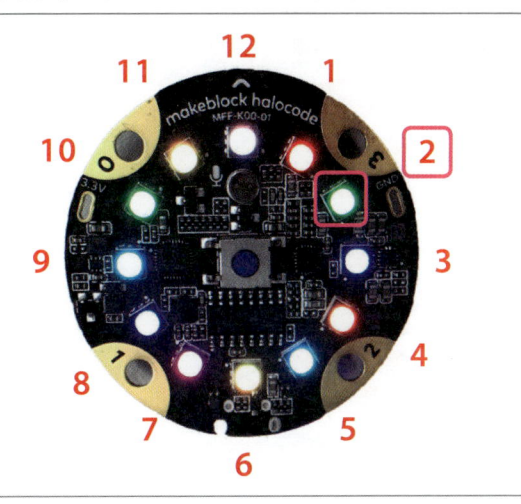

二 Halocode 彩色霓虹

Step 1 按 **變數**，點選 建立變數 ，輸入「燈號」，再按 確認 。

Step 2 拖曳下圖積木設定燈號從 1 號開始，直到按下按鈕之前，點亮全部 LED。

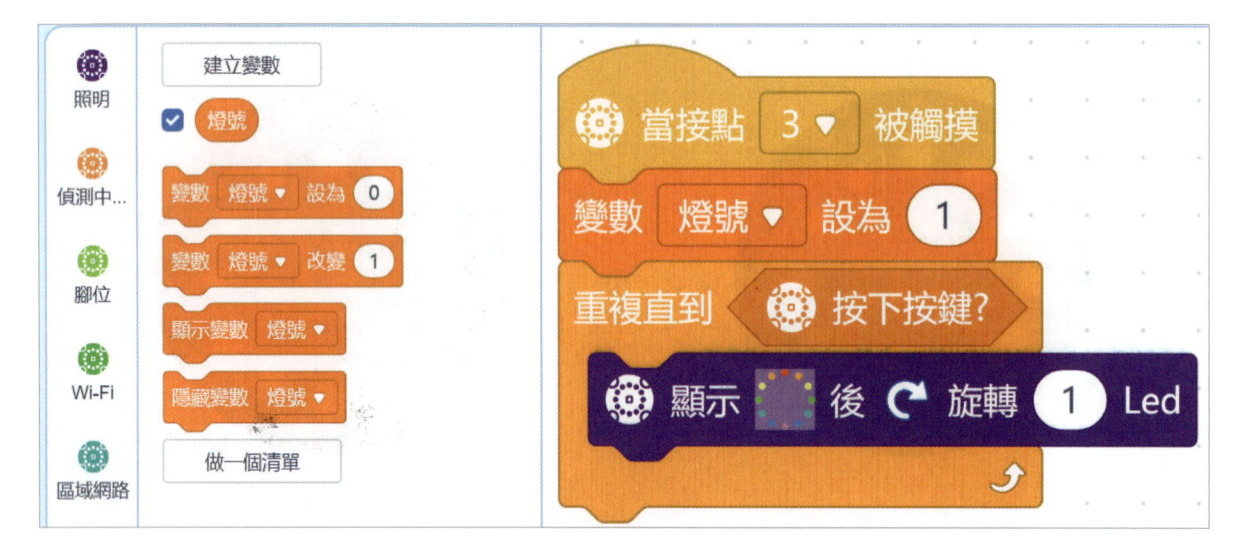

Chapter 2　Halocode 百變 LED

Step 3 點擊 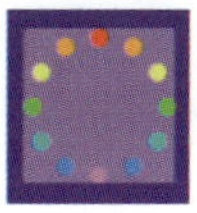 ，設計 LED 顏色，再按 確認 。

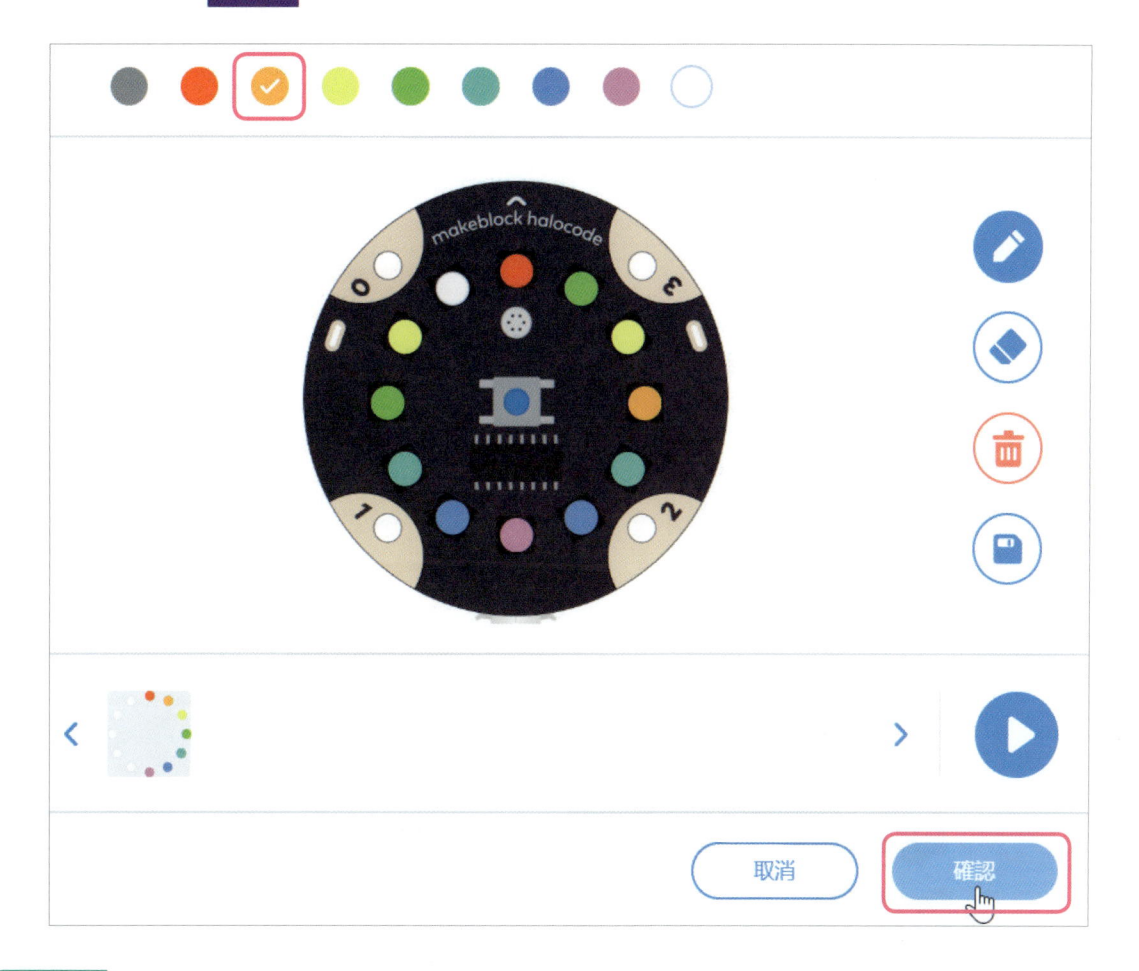

Step 4 拖曳下圖積木，讓 LED 燈號從 1 號開始，依序往 2，3…的位置向右旋轉。

Step 5 觸摸 3，檢查全部 LED 顏色是否順時鐘方向往右旋轉，像彩色霓虹。

35

Chapter 2　課後練習

一、單選題

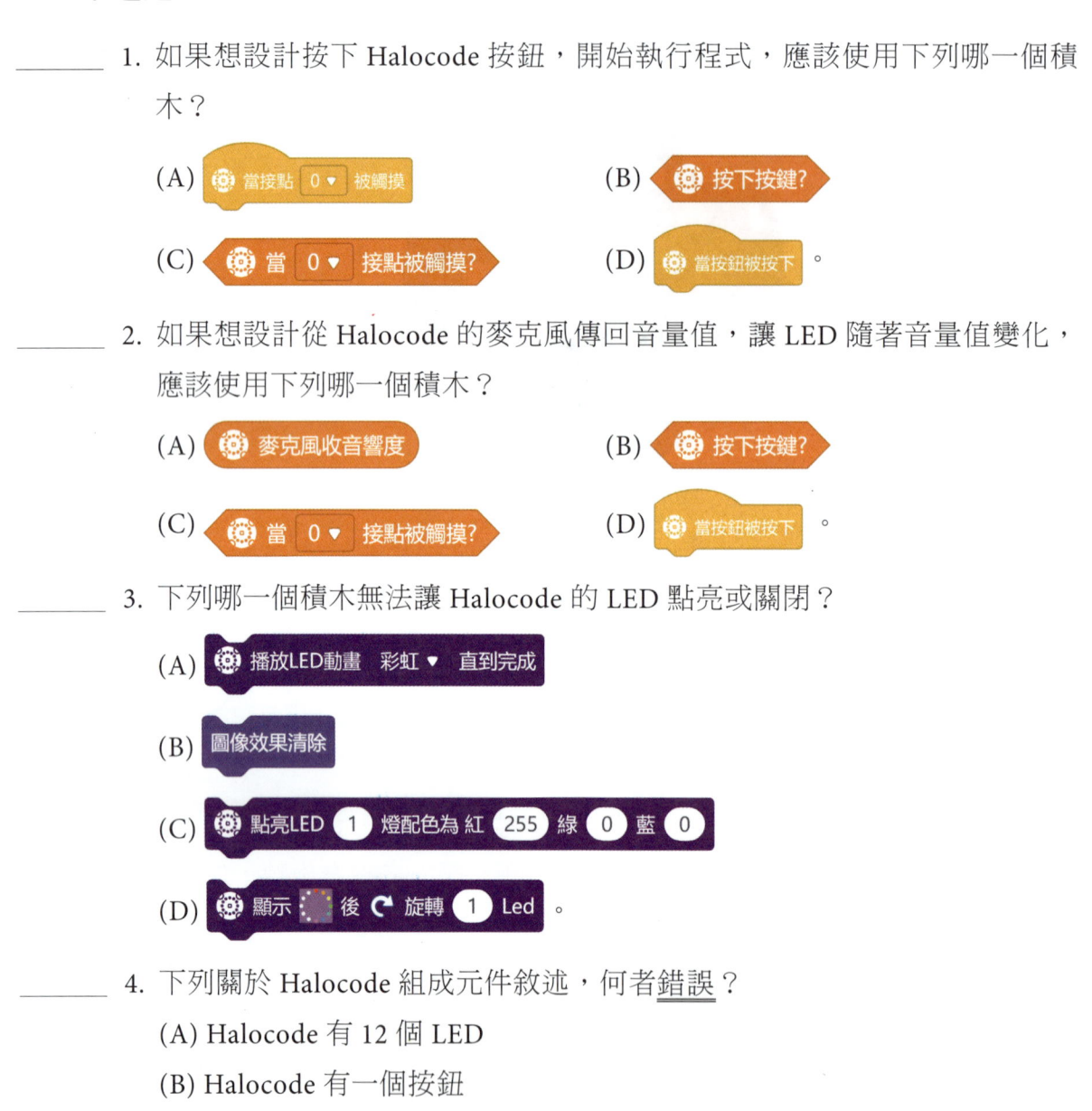

_____ 1. 如果想設計按下 Halocode 按鈕，開始執行程式，應該使用下列哪一個積木？

　　(A) 當接點 0 被觸摸　　(B) 按下按鍵?

　　(C) 當 0 接點被觸摸?　　(D) 當按鈕被按下

_____ 2. 如果想設計從 Halocode 的麥克風傳回音量值，讓 LED 隨著音量值變化，應該使用下列哪一個積木？

　　(A) 麥克風收音響度　　(B) 按下按鍵?

　　(C) 當 0 接點被觸摸?　　(D) 當按鈕被按下

_____ 3. 下列哪一個積木無法讓 Halocode 的 LED 點亮或關閉？

　　(A) 播放LED動畫 彩虹 直到完成

　　(B) 圖像效果清除

　　(C) 點亮LED 1 燈配色為 紅 255 綠 0 藍 0

　　(D) 顯示 後 旋轉 1 Led

_____ 4. 下列關於 Halocode 組成元件敘述，何者錯誤？

　　(A) Halocode 有 12 個 LED
　　(B) Halocode 有一個按鈕
　　(C) Halocode 有一個光線感測器
　　(D) Halocode 有 4 個觸摸感測器。

_____ 5. 關於下圖積木執行何種功能？

(A) 直到按下按鈕之前，隨機點亮 1 顆 LED，顏色隨機
(B) 觸摸 1 感測器，隨機點亮 LED，顏色隨機，直到按下按鈕關閉 LED
(C) 按下按鈕，隨機點亮 LED，顏色隨機
(D) 觸摸 1 感測器，隨機點亮 LED，顏色隨機。

_____ 6. 下列哪一個積木可以設定 LED 點亮的亮度？

(A) 播放LED動畫 彩虹 直到完成
(B) 所有LED燈亮起 亮度 50 %
(C) 關閉所有LED燈
(D) LED光環顯示 100 %。

_____ 7. 下列關於設備「變數」積木的敘述何者不正確？

(A) 變數 燈號 設為 1 將燈號設定從 1 開始
(B) 變數 燈號 改變 1 將燈號改變加 1
(C) 變數 燈號 設為 1 將燈號改變加 1
(D) 燈號 傳回燈號變數值。

_____ 8. 下列哪一個積木，能夠設定隨機取數的範圍？

(A) 從 1 到 10 隨機選取一個數
(B) 讀取腳位 0 的數位數值
(C) 點亮LED 1 燈配色為 紅 255 綠 0 藍 0
(D) 重複 10 次。

_____ 9. 下列關於 Halocode 的 LED 敘述，何者錯誤？

(A) [顯示 後 旋轉 1 Led] 積木，點擊 [圖示]，能夠設定 LED 顏色

(B) [點亮所有LED燈配色為 紅 255 綠 0 藍 0] LED 顏色從 0 ～ 255

(C) [所有LED燈亮起 亮度 50 %] LED 亮度從 0 ～ 100%

(D) [點亮所有LED燈配色為 紅 255 綠 0 藍 0] 當參數為 0 時，開啟 LED。

_____ 10. 關於右圖積木的敘述何者錯誤？
(A) LED 逆時針旋轉
(B) LED 順時針旋轉
(C) 按下按鈕關閉所有 LED
(D) LED 燈號從 12 號開始，依序往 11, 10,…的位置向左旋轉。

二、實作題

1. 利用 偵測中 的 [搖晃力道] 積木，偵測搖晃力道，控制 LED 亮燈的數量，當搖晃力道愈大，LED 亮燈愈多；當按下按鈕關閉所有 LED。

2. 利用 偵測中 的 [搖晃力道] 積木，偵測搖晃力道，控制 LED 的亮度，當搖晃力道愈大，LED 亮度愈亮；當按下按鈕關閉所有 LED。

3 Chapter

Halocode 與角色互動：搖搖盃短跑競賽

3-1 「搖搖盃短跑競賽」專題規劃
3-2 新增設備、角色與背景
3-3 Halocode 與角色互動
3-4 Halocode 控制角色移動
3-5 電腦麥克風控制角色移動
3-6 判斷終點

本章學習目標

1. 認識 Halocode 動作感測器與積木。
2. 能夠應用動作感測器控制角色移動。
3. 能夠區辨 Halocode 麥克風與電腦麥克風差異。
4. 能夠應用電腦麥克風音量控制角色移動。
5. 能夠應用 Halocode 設計與角色互動程式。

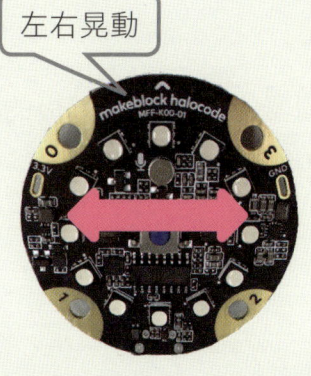

mBlock 學園慶祝開園十週年，即將舉辦短跑競賽，參賽者以 Halocode、鍵盤、滑鼠或麥克風等設備，控制角色賽跑，先抵達終點者獲勝。

3-1 「搖搖盃短跑競賽」專題規劃

本章將利用 Halocode 的動作感測器與電腦的麥克風,設計搖搖盃短跑競賽。**當搖晃 Halocode 時舞台角色 A 往前移動;同時電腦麥克風偵測到聲音時,角色 B 往前移動。角色 A 或角色 B 先抵達終點者獲勝,說出:「第一名」並停止程式執行。**

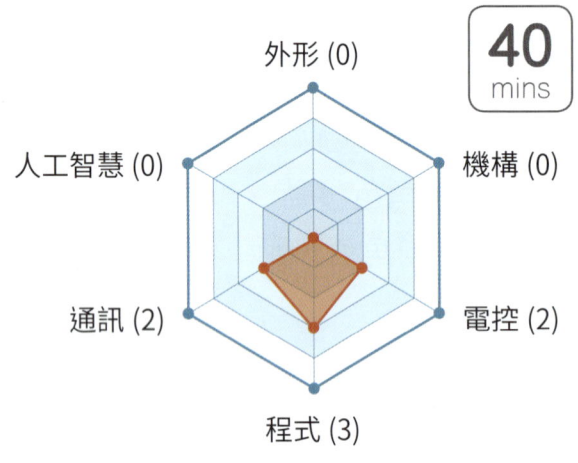

40 mins

創客題目編號:A027012

· 創客指標 ·

外形	0
機構	0
電控	2
程式	3
通訊	2
人工智慧	0
創客總數	7

一、「搖搖盃短跑競賽」專題規劃

設備(Halocode)	角色	功能
動作感測器	角色 A	1. 搖晃 Halocode,角色 A 往前移動。 2. 對著麥克風唱歌,角色 B 往前移動。 3. 角色 A 或角色 B 先抵達終點者獲勝。
電腦麥克風	角色 B	

二、動作感測器

Halocode 動作感測器能夠偵測光環板的晃動、傾斜、加速度或旋轉角度等。

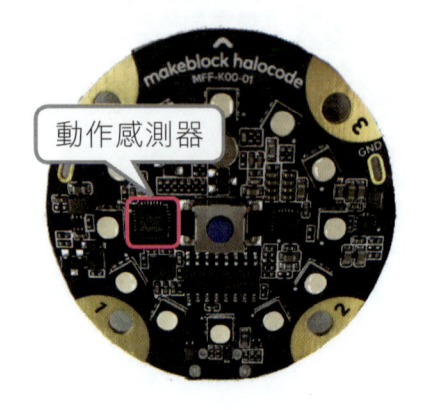

三 動作感測器積木

1 搖晃 Halocode 啟動程式執行

積木類別	積木與功能
事件	下列帽子形狀積木，當搖晃 Halocode 時，開始執行程式： (1) [當光環板晃動時]：當搖晃 Halocode，開始執行程式。 (2) [當光環板 箭頭向上▼]：當 Halocode 向上、向下、向左或向右傾斜時，開始執行程式。

小試身手 1　搖搖計步器

Step 1　將 Halocode 的 Micro USB 序列埠與電腦的 USB 連接，開啟 mBlock 5。

Step 2　在「設備」按 [添加]，點選 [Halocode]，再按 [確認]。

Step 3　按 [連接] 連接，電腦顯示連接序列埠「COM14」，再按 [連接] 連接，將電腦連接 Halocode。

Step 4　點按 [Codey] 的 ✕ 刪除，刪除程小奔（Codey）。

Step 5 點選 變數，按 建立變數，輸入「計步器」，再按 確認 。

Step 6 按 事件，拖曳 當按鈕被按下 與 當光環板晃動時 。

Step 7 按 變數，分別拖曳 變數 計步器 設為 0 與 變數 計步器 改變 1 到 當按鈕被按下 與 當光環板晃動時 下方，當按下按鈕，計步器設為 0；當搖晃 Halocode 時，計步器加 1。

Chapter 3　Halocode 與角色互動：搖搖盃短跑競賽

Step 8　按下 Halocode 按鈕，檢查舞台計步器是否歸 0，當搖晃 Halocode 時，檢查計步器是否加 1。

2　動作感測器偵測搖晃

積木類別	積木與功能
偵測中	下列橢圓形積木，傳回 Halocode 動作感測器的偵測值，包括： (1) `繞 x▼ 軸旋轉的角度`：傳回動作感測器 X 軸、Y 軸或 Z 軸的旋轉角度。 (2) `動作感應器 傾仰角°▼ 角度(°)`：傳回動作感測器前後傾斜（傾仰角）或左右傾斜（滾轉角）的角度。 (3) `動作感應器 x▼ 軸加速度(m/s²)`：傳回動作感測器 X 軸、Y 軸或 Z 軸的加速度值。 (4) `搖晃力道`：傳回動作感測器的搖晃值。 下列六邊形積木，判斷 Halocode 是否傾斜或搖晃，包括： (1) `是HaloCode 向左傾斜▼ 嗎?`：判斷 Halocode 是否向上、向下、向左或向右傾斜。 (2) `光環板被搖晃?`：判斷 Halocode 是否搖晃。 傳回值包括： true（真）：已經傾斜或已搖晃。 false（假）：未傾斜或未搖晃。

小試身手 2　搖搖 LED 亮度

Step 1　點選 檔案 ，按 新建專案 ，並點選 連接 。

Step 2　按 偵測中 ，勾選 搖晃力道 ，在舞台顯示搖晃力道。

Step 3　搖晃 Halocode，檢查 Halocode 的搖晃力道是否介於 0～100 之間。

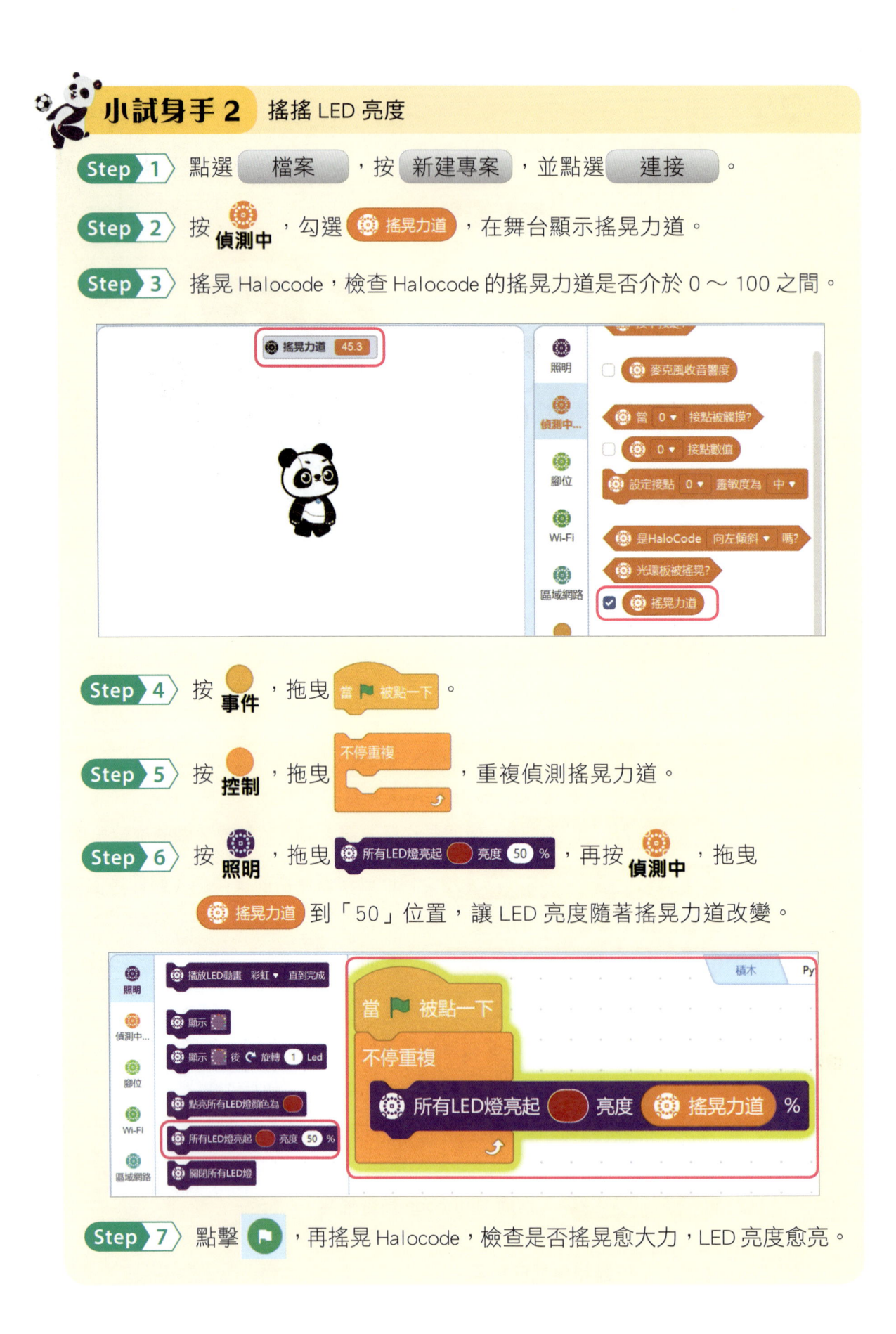

Step 4　按 事件 ，拖曳 當 ▶ 被點一下 。

Step 5　按 控制 ，拖曳 不停重複 ，重複偵測搖晃力道。

Step 6　按 照明 ，拖曳 所有LED燈亮起 亮度 50 % ，再按 偵測中 ，拖曳 搖晃力道 到「50」位置，讓 LED 亮度隨著搖晃力道改變。

Step 7　點擊 ▶ ，再搖晃 Halocode，檢查是否搖晃愈大力，LED 亮度愈亮。

3-2 新增設備、角色與背景

在「設備」新增 Halocode 並連線、在「角色」新增兩個角色、在「背景」新增舞台背景。

一 新增 Halocode 設備

點選 檔案 的 新增專案 ，按 連接 ，將電腦連接 Halocode，並設定為「即時模式」。

二 新增角色

Step 1 點選 角色 ，按 添加 ，點選 人物 與 Athlete5 ，新增角色。

Step 2 重複相同步驟，新增角色「Girl15」。

Step 3 將角色名稱分別改為「角色 A」與「角色 B」。

新增背景

點選 背景 ，按 ＋ ，點選 學校 ，按 Football field1 （足球場），新增背景。

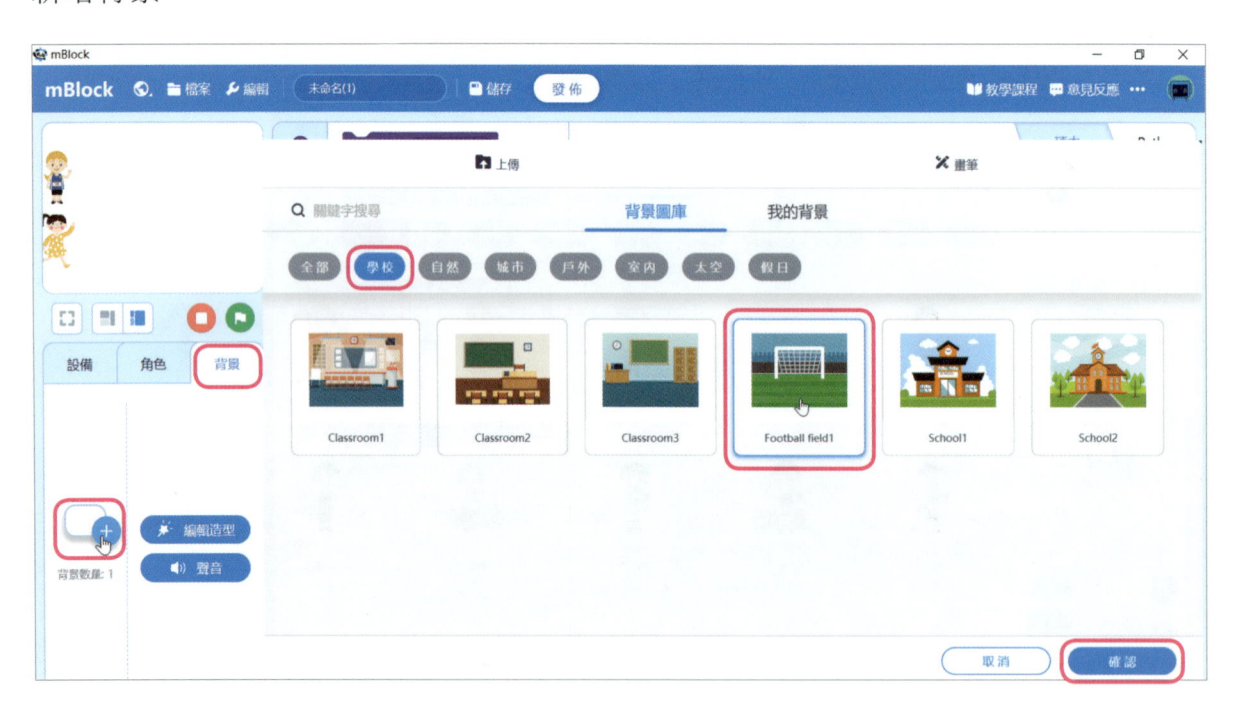

3-3　Halocode 與角色互動

　　當「設備」Halocode 搖晃時，傳遞搖晃值給「角色 A」。「設備」與「角色」之間連線訊息的傳遞，必須設定「即時模式」，並利用「變數」傳遞 Halocode 動作感測器的「搖晃力道」給「角色 A」。

一　Halocode 與角色互動方式

設備　Halocode即時模式　搖晃Halocode　→（設定變數）→　角色A移動

設備　電腦麥克風音量　→（偵測音量）→　角色B移動

二　Halocode 控制角色移動

Step 1　點選 設備 ，按 變數 ，建立變數「搖晃值」。

Step 2 按 偵測中，勾選「搖晃力道」。

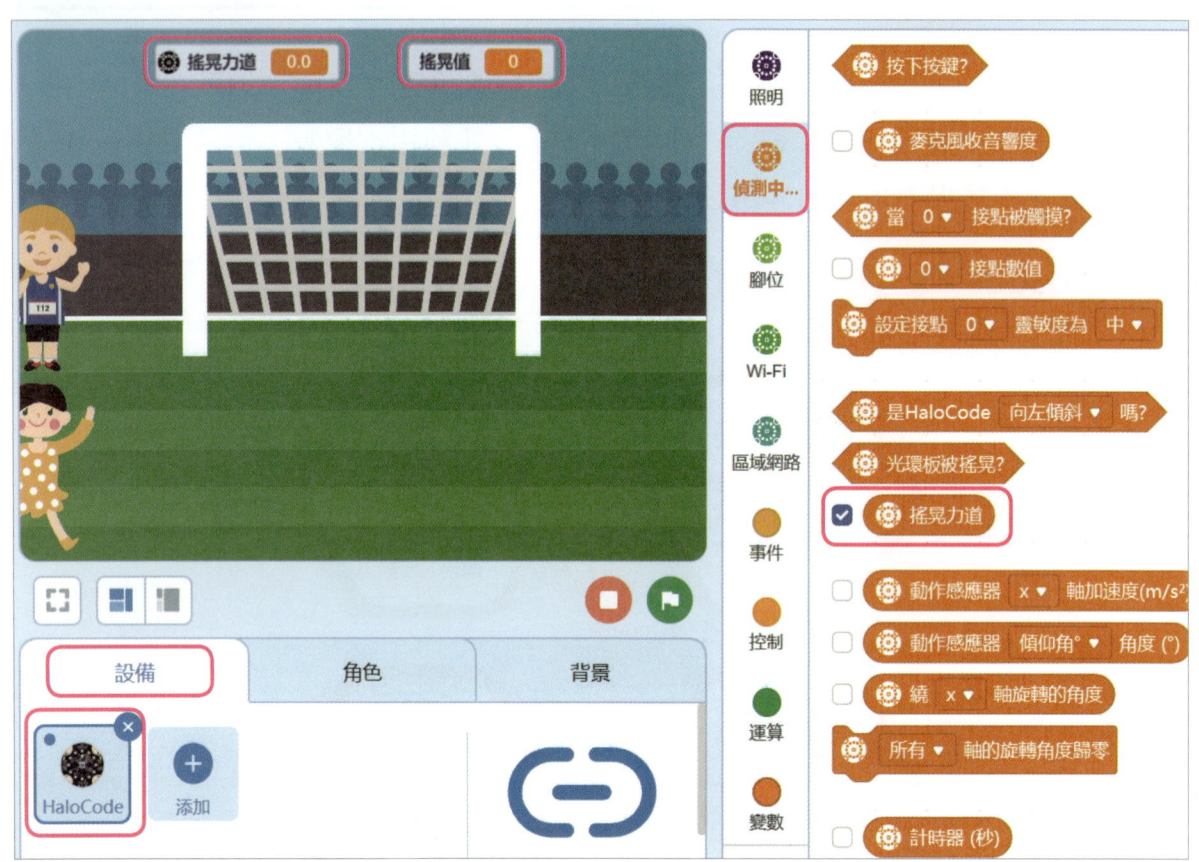

註：點選 角色 時，無法讀取「設備」Halocode 的「搖晃力道」，因此，將變數「搖晃值」設定為「搖晃力道」，角色就能間接讀取設備的「搖晃力道」，同時舞台上「搖晃力道 = 搖晃值」。

Step 3 按 事件、控制 與 變數，拖曳下圖積木，重複設定搖晃值。

Chapter 3　Halocode 與角色互動：搖搖盃短跑競賽

Step 4 按 偵測中，拖曳下圖積木，將搖晃值設定為搖晃力道。

Step 5 點擊 ▶，再搖晃 Halocode，檢查搖晃力道與搖晃值是否同步改變。

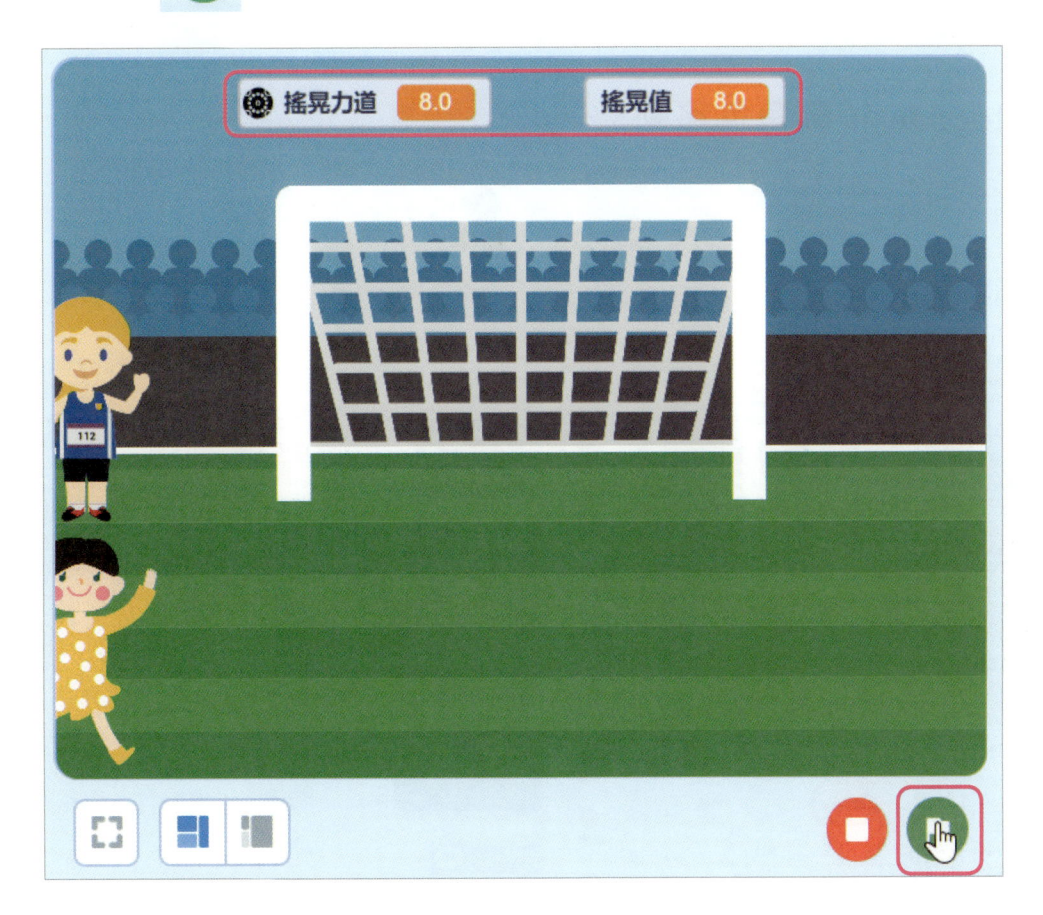

49

3-4 Halocode 控制角色移動

當搖晃 Halocode，角色 A 往前移動。

一 「如果 - 那麼」判斷是否搖晃

在 ●控制，利用「如果 - 那麼」判斷是否搖晃。

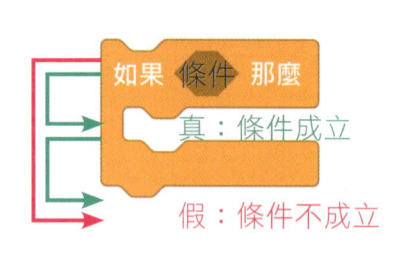

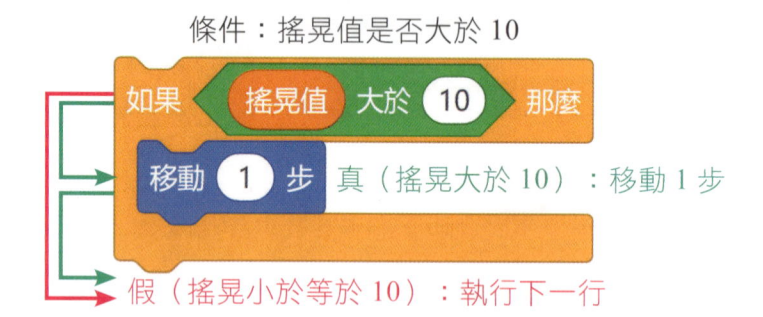

條件：搖晃值是否大於 10

真（搖晃大於 10）：移動 1 步

假（搖晃小於等於 10）：執行下一行

▶「如果 - 那麼」執行流程　　▶「如果 - 那麼」判斷搖晃值是否大於 10

二 Halocode 控制角色移動

Step 1 點選 角色 與 角色A，按 ●動作，拖曳下圖積木，程式開始執行時，角色 A 在舞台最左邊，起跑點位置 (-240, 0)。

Chapter 3　Halocode 與角色互動：搖搖盃短跑競賽

> **註** 舞台背景的寬度 X 為 480，從 -240～240；高度 Y 為 360，從 -180～180。

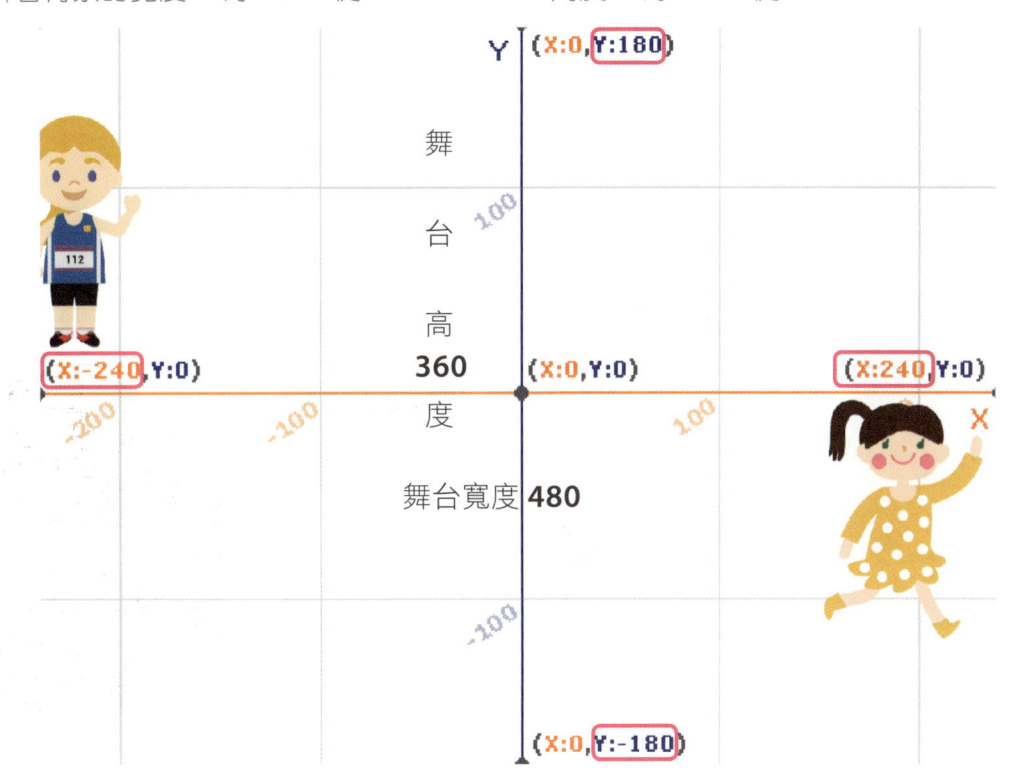

Step 2 拖曳下圖積木，當搖晃值大於 10，角色移動 1 步。

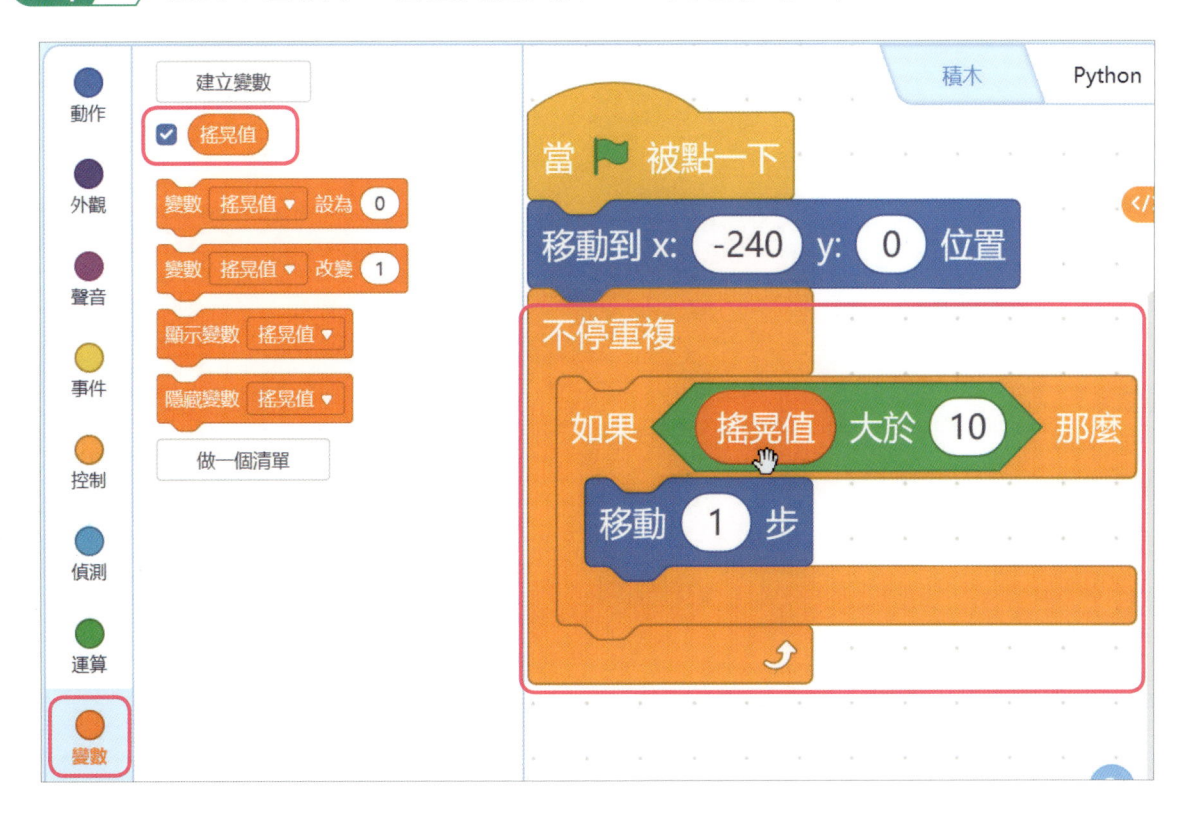

Step 3 　點擊 🏁，再搖晃 Halocode，檢查角色 A 是否往右移動 1 步。

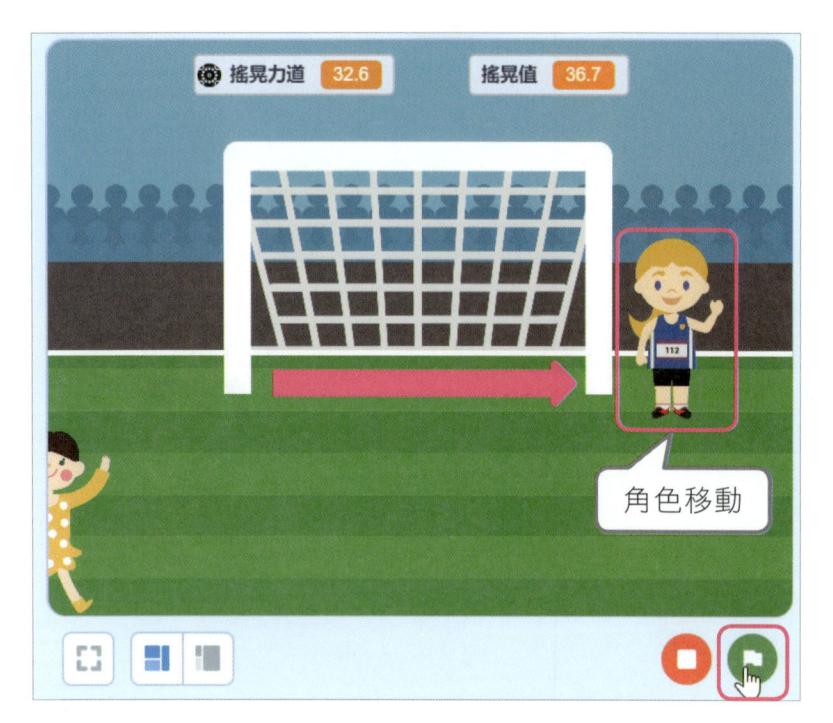

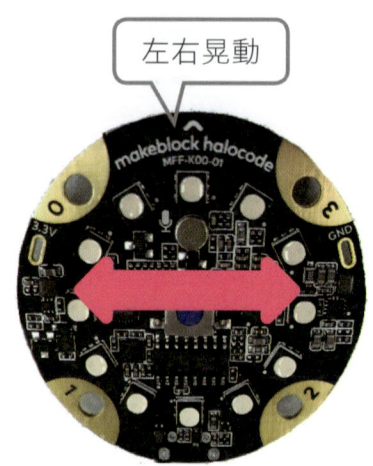

左右晃動

角色移動

Chapter 3　Halocode 與角色互動：搖搖盃短跑競賽

3-5　電腦麥克風控制角色移動

對著麥克風唱歌，角色 B 往前移動。

一　關係運算

在 **運算**，能夠比較前、後兩者之間的大於、小於或等於的關係運算。

功能	積木與說明
大於	◯ 大於 50 ｜判斷第一個數是否大於第二個數（50），如果大於，傳回 true（真）；否則傳回 false（假）。
小於	◯ 小於 50 ｜判斷第一個數是否小於第二個數（50），如果小於，傳回 true（真）；否則傳回 false（假）。
等於	◯ 等於 50 ｜判斷第一個數是否等於第二個數（50），如果等於，傳回 true（真）；否則傳回 false（假）。

二　電腦麥克風控制角色移動

Step 1　點選 角色B，拖曳下圖積木，將角色 B 定位在 (-240, -120)。

Step 2　按 **偵測** 與 **運算**，拖曳下圖積木，如果音量值大於 10，角色 B 移動 1 步。

註　偵測的「音量值」會傳回電腦麥克風的音量。

53

Step 3 勾選音量值，在舞台顯示音量值。

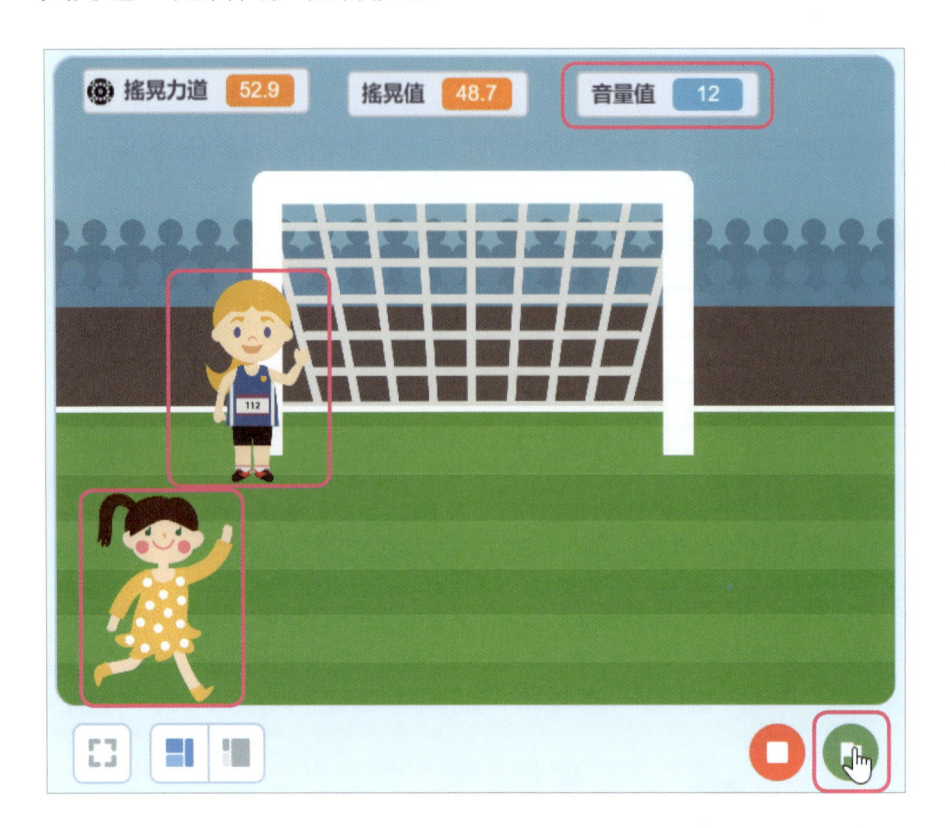

Step 4 點擊 🏁，再搖晃 Halocode，同時對著電腦麥克風唱歌，檢查角色 A 與角色 B 是否同步往右移動。

註 同一台電腦只能連接一個 Halocode，因此，無法同時利用二個 Halocode 連線進行短跑競賽。

3-6 判斷終點

先抵達終點者獲勝。舞台最右邊 X 座標為 240，如果角色 A 或角色 B 的 X 座標大於 240 時，說出：「第一名」，並停止程式執行。

Step 1 按 **動作** 與 **運算**，在移動下方拖曳下圖積木，判斷移動過程是否抵達終點。

Step 2 按 **外觀**，拖曳 說出 你好! 2 秒，輸入「第一名」，1秒。

Step 3 按 **控制**，拖曳 停止 全部，停止全部程式執行。

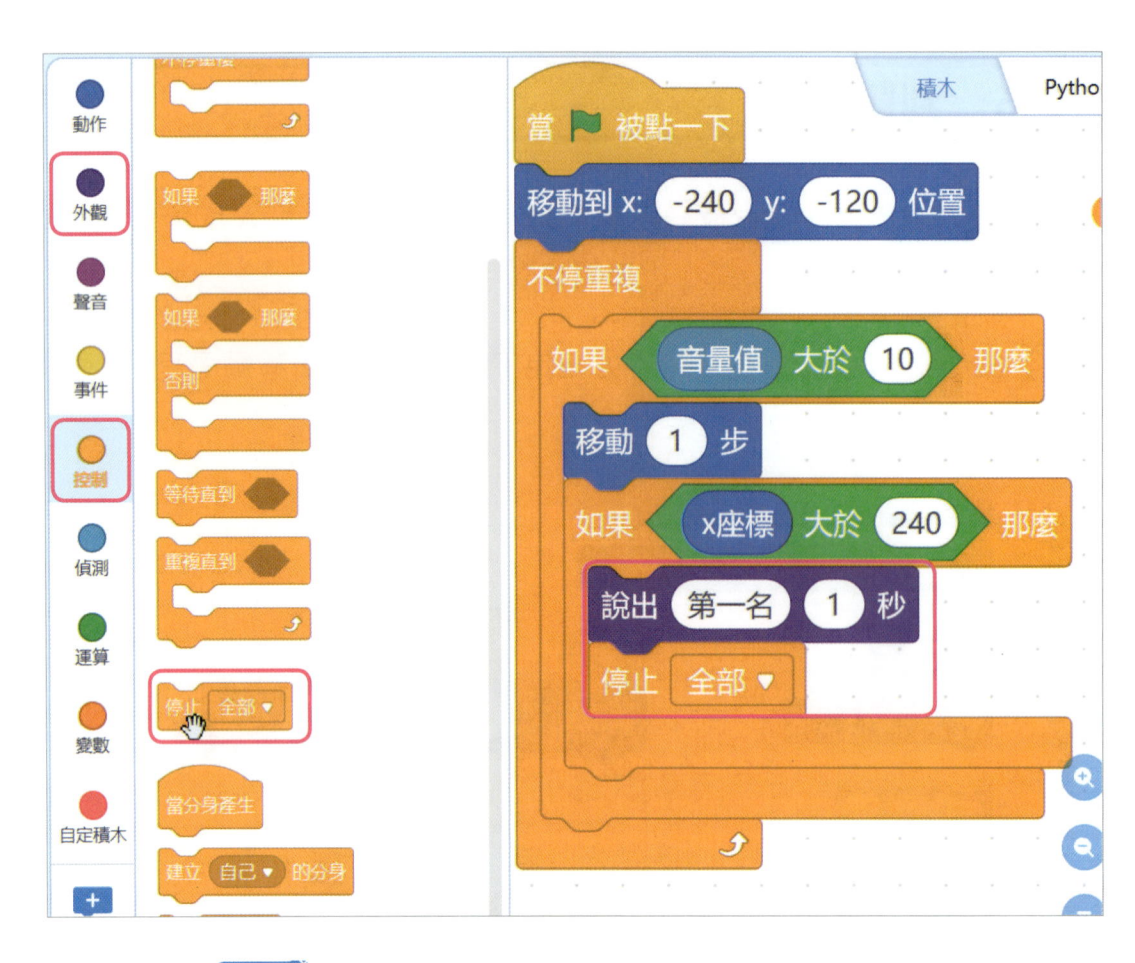

用主題範例學運算思維與程式設計

Step 4 點選 角色A，拖曳相同積木，判斷是否抵達終點。

Step 5 點擊 ▶，再搖晃 Halocode，同時對著電腦麥克風唱歌，檢查角色 A 與角色 B 先抵達終點者是否說出：「第一名」，並停止程式執行。

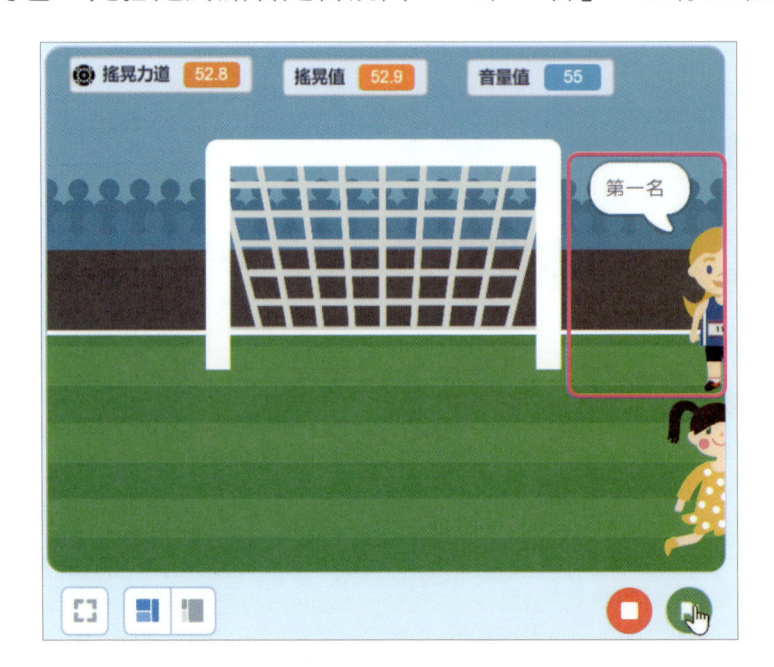

Chapter 3 課後練習

一、單選題

_____ 1. 右圖何者是 Halocode 的動作感測器？

(A) A

(B) B

(C) C

(D) D。

_____ 2. 下列哪一個積木與 Halocode 的動作感測器無關？

(A) 當光環板 箭頭向上▼

(B) 當光環板晃動時

(C) 搖晃力道

(D) 當按鈕被按下。

_____ 3. 下列哪一個積木無法傳回動作感測器相關的偵測值？

(A) 光環板被搖晃?

(B) 繞 x▼ 軸旋轉的角度

(C) 搖晃力道

(D) 動作感應器 傾仰角°▼ 角度(°)。

_____ 4. 如果想設計 Halocode 動作感測器相關的程式，能夠使用下列哪一類積木？

(A) 變數 (B) 照明 (C) 偵測中 (D) 偵測。

_____ 5. 關於右圖積木敘述，何者錯誤？

(A)「搖晃值」是變數

(B)「搖晃力道」是動作感測器的偵測值

(C) 搖晃值與搖晃力道兩者的值會相同

(D) 角色能夠讀取搖晃力道的變數值。

_____ 6. 如果想設計偵測電腦麥克風的音量值，應該使用下列哪一個積木？

(A) 音量

(B) 音量值

(C) 計時器

(D) 麥克風收音響度。

_____ 7. 關於下列積木功能的敘述何者**不正確**？

(A) [停止 全部▼] 停止全部程式的執行

(B) [移動 10 步] 角色預設往右移動 10 點

(C) [x座標] 傳回角色在舞台的 X 座標值

(D) [移動到 x: 0 y: 0 位置] 將角色移到舞台隨機位置。

_____ 8. 如果想設計「判斷角色是否抵達終點」，可以使用下列哪一個控制積木？

(A) [等待 1 秒]　　　　(B) [建立 自己▼ 的分身]

(C) [如果 ◇ 那麼]　　　(D) [重複 10 次]。

_____ 9. 下列關於舞台的敘述，何者**錯誤**？

(A) 舞台背景的寬度 X 為 360　　(B) 高度 Y 為 360

(C) 寬度 X 從 -240～240　　　　(D) 高度 Y 從 -180～180。

_____ 10. 關於右圖積木的敘述何者**錯誤**？

(A) 如果搖晃值大於 10 角色移動 1 步

(B) 角色先判斷 X 座標是否大於 240，再往右移動 1 步

(C) 角色先說出第一名，再停止程式執行

(D) 角色往右移動 1 步後，再判斷 X 座標是否大於 240。

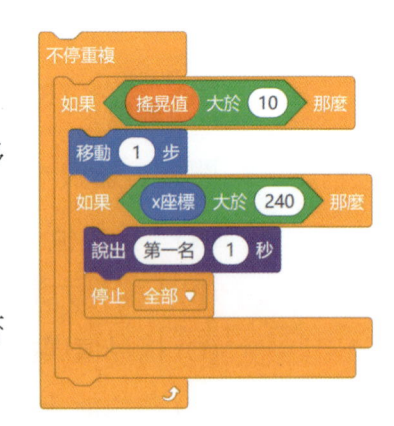

二、實作題

1. 請點選角色的 [偵測]，利用 [空白鍵▼ 鍵已按下?]（鍵盤）或 [滑鼠鍵被按下了嗎?]（滑鼠）等元件，控制角色 B 移動。

2. 利用角色的「聲音」積木，新增聲音，當角色抵達終點時，先說出：「第一名」，同時播放勝利音效，再停止程式執行。

Chapter 4

Halocode 與人工智慧：猜猜我是誰

4-1　人工智慧

4-2　「猜猜我是誰」專題規劃

4-3　新增設備、角色與背景

4-4　人工智慧語音識別

4-5　人工智慧文字識別

4-6　人工智慧性別檢測

本章學習目標

1. 認識人工智慧認知服務與積木。
2. 能夠應用人工智慧識別語音、文字或人臉特徵。
3. 能夠應用人工智慧識別結果，控制 Halocode LED。
4. 能夠應用人工智慧設計與角色互動程式。

mBlock 學園即將舉辦「猜猜我是誰」趣味競賽，參賽者以語音、文字或人臉，讓電腦的人工智慧識別參賽者說話的內容或識別人臉性別。

4-1 人工智慧

一 認識人工智慧

人工智慧（Artificial intelligence，AI）是設計程式讓電腦具有類似人類的智慧，例如：對著 Halocode 說「彩虹」，Halocode 就自動點亮彩虹 LED；對著 Halocode 說「關」，Halocode 就自動關閉 LED，讓 Halocode 能夠判斷人類說話的意義，並執行動作。

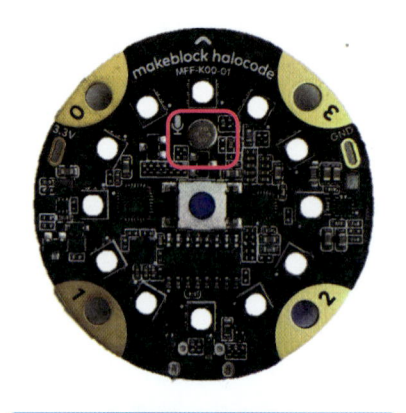

▶對著麥克風說：「彩虹」

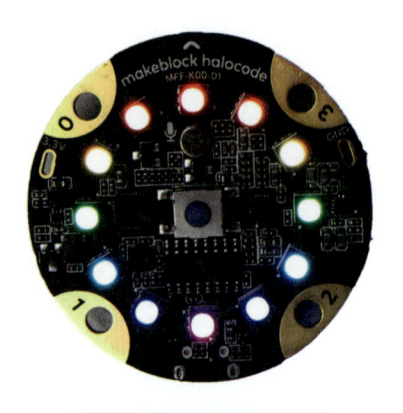

▶點亮彩虹 LED

二 人工智慧積木

使用人工智慧積木時，首先需要申請使用者帳戶、登入帳戶，在「角色」新增人工智慧積木，並保持網路連線才能開始使用。

Step 1 將 Halocode 的 Micro USB 序列埠與電腦的 USB 連接，開啟 mBlock 5。

Step 2 在「設備」按 添加 ，點選 Halocode ，再按 確認 。

Step 3 按 連接 ，將電腦連接 Halocode，並設定為「即時模式」。

Chapter 4　Halocode 與人工智慧：猜猜我是誰

Step 4　點按 [Codey] 的 ✕ 刪除，刪除程小奔（Codey）。

Step 5　點選 角色 ，點按 延伸集 ，在附加元件中心，點選 認知服務 ，按 ＋添加 。

Step 6　新增人工智慧積木後，因為未登入使用者帳戶，無法使用人工智慧積木。

61

Step 7 點按右上方 ![] 使用者帳戶，點選 切換為 mBlock 5 國際版 ，輸入「使用者帳戶電子郵件」，再按 下一步 。

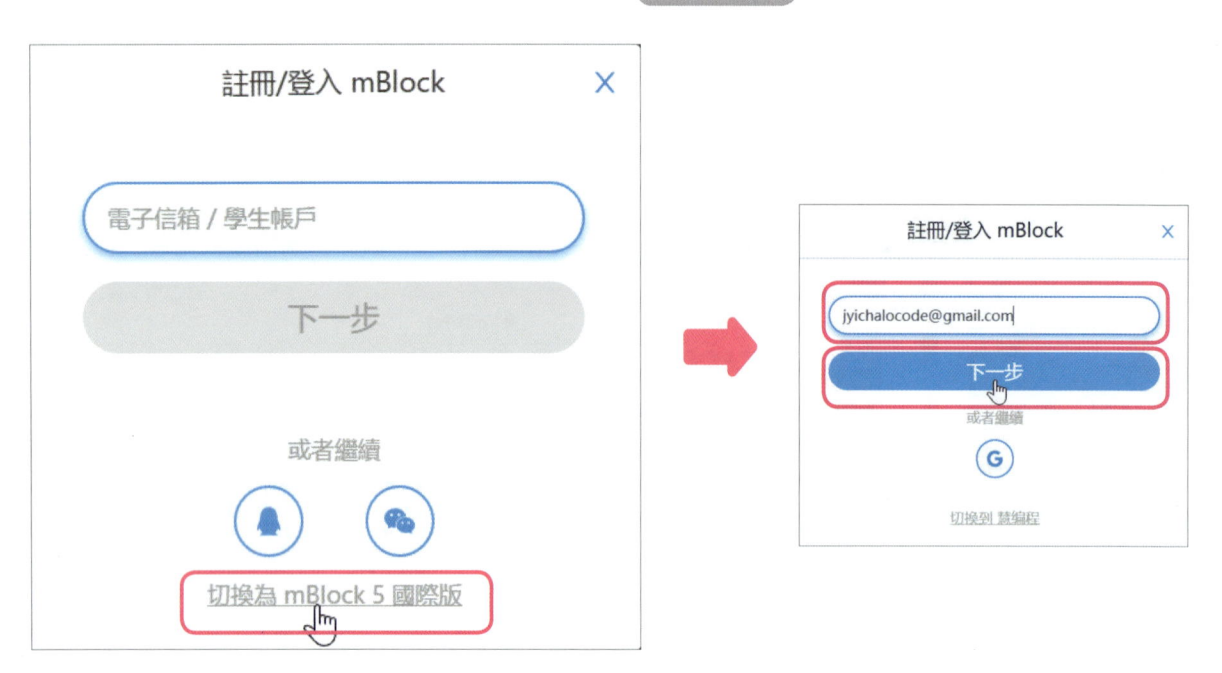

Step 8 點按 是 、 同意並繼續 ，並輸入「密碼」，登入。

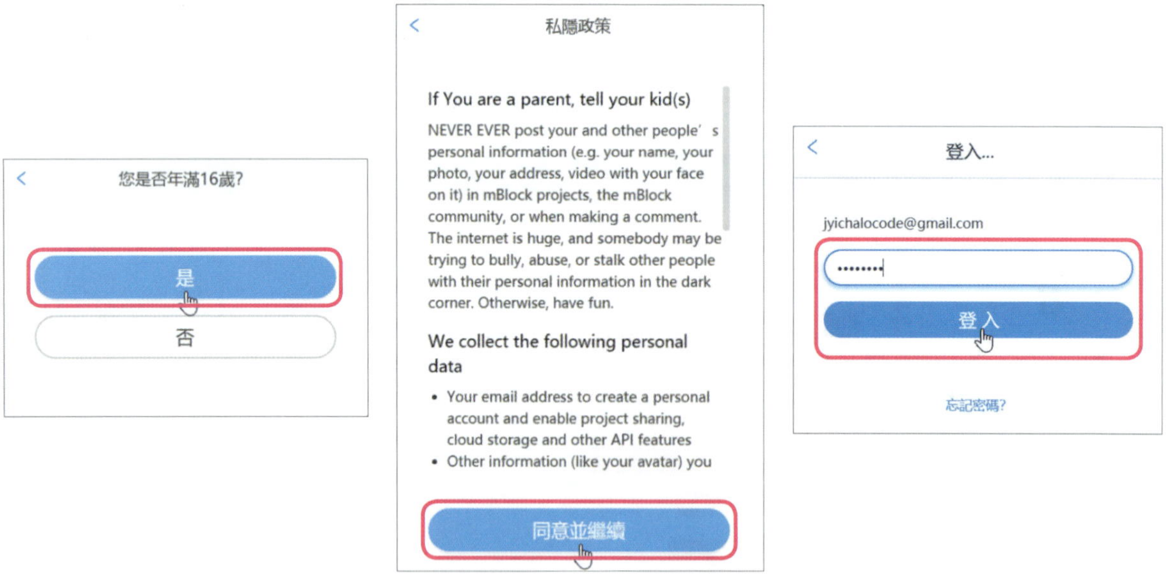

Chapter 4　Halocode 與人工智慧：猜猜我是誰

Step 9 使用者帳號申請成功，自動登入帳戶，開始使用人工智慧積木。

登入使用者帳號

開始使用

小試身手 1　人工智慧識別

Step 1 點選 角色 ，按 人工智慧 ，勾選 語音識別結果 ，在舞台顯示語音識別結果。

Step 2 按 事件 ，拖曳 當 空白鍵 鍵被按下 ，按下空白鍵，開始偵測電腦麥克風語音。

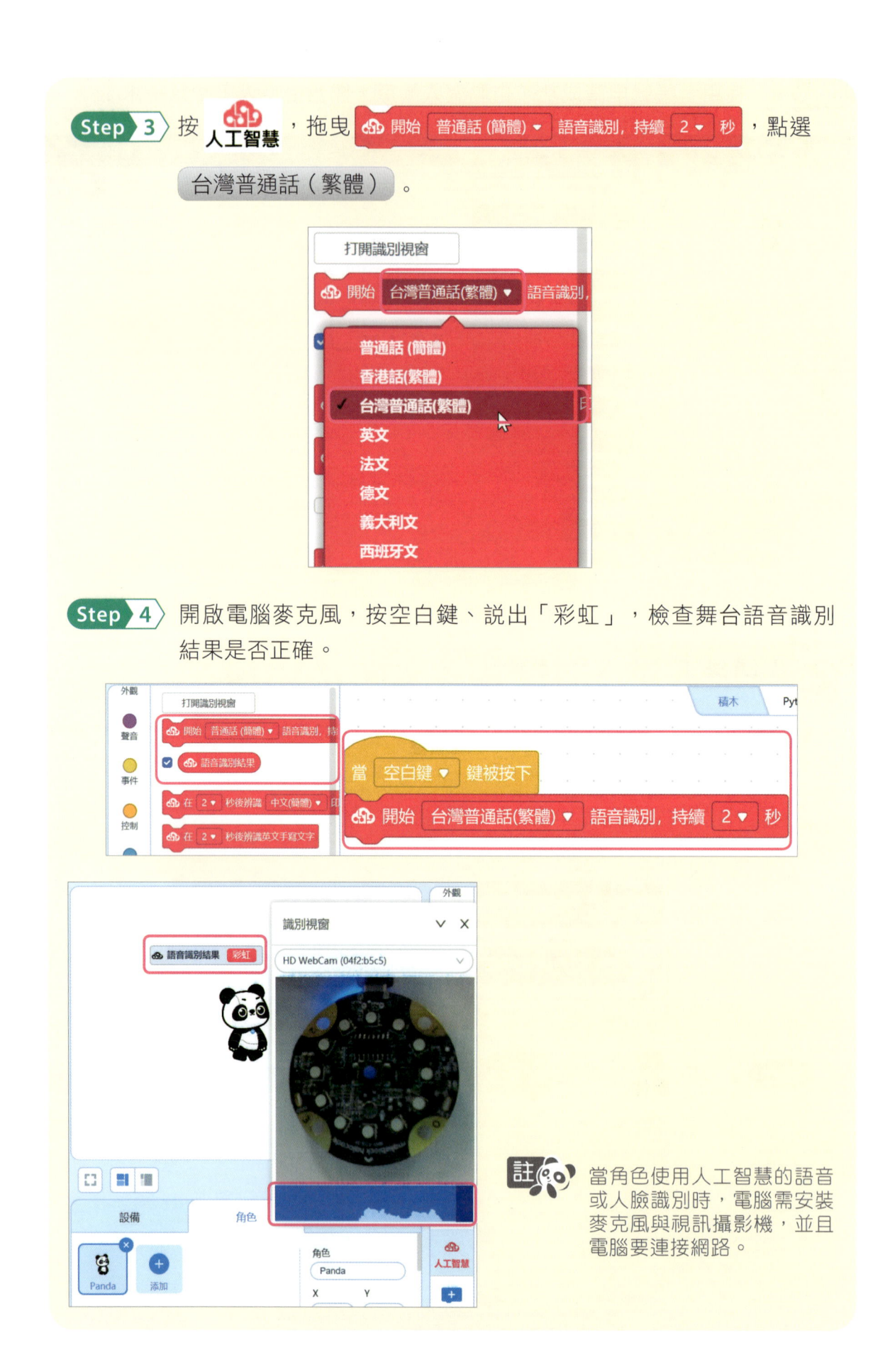

用主題範例學運算思維與程式設計

Step 3 按 人工智慧，拖曳 開始 普通話（簡體）▼ 語音識別，持續 2 ▼ 秒 ，點選 台灣普通話（繁體）。

Step 4 開啟電腦麥克風，按空白鍵、說出「彩虹」，檢查舞台語音識別結果是否正確。

註：當角色使用人工智慧的語音或人臉識別時，電腦需安裝麥克風與視訊攝影機，並且電腦要連接網路。

64

4-2 「猜猜我是誰」專題規劃

本章將利用「角色」的人工智慧識別功能，設計猜猜我是誰。當按下鍵盤按鍵 A，人工智慧語音識別；按下 B，英文文字識別；按下 C，性別檢測。當人工智慧識別結果包含彩虹、飛機、男性或女性時，Halocode 的 LED 顯示不同動畫，同時角色也顯示彩虹、飛機、男性或女性的動畫。

一 「猜猜我是誰」專題規劃

角色	人工智慧識別	設備、角色或背景功能
Panda	按下 A，語音識別　廣播 →	LED 播放彩虹。 背景播放彩虹特效。
	按下 B，英文文字識別　廣播 →	LED 播放彩色燈環。 角色飛機播放動畫。
	按下 C，人臉性別檢測　廣播 →	男生顯示藍色 LED、女生顯示粉色 LED。 性別檢測為男生，顯示男生動畫。 性別檢測為女生，顯示女生動畫。

二 「猜猜我是誰」互動流程

角色（人工智慧識別）──廣播訊息──→ 設備（Halocode 即時模式收到廣播開始展示）

4-3 新增設備、角色與背景

依據人工智慧識別的關鍵字新增角色。在「設備」新增 Halocode 並連線、在「角色」新增 4 個角色、在「背景」新增舞台背景。

一 新增 Halocode 設備

Step 1 將 Halocode 的 Micro USB 序列埠與電腦的 USB 連接，開啟 mBlock 5。

Step 2 在「設備」按 添加，點選 Halocode，再按 確認 。

Step 3 按 連接 ，將電腦連接 Halocode，並設定為「即時模式」。

Step 4 點按 Codey 的 ✕ 刪除，刪除程小奔（Codey）。

二 新增角色

Step 1 點選 角色 ，按 添加 ，點選 動物 與 Panda10 ，新增角色。

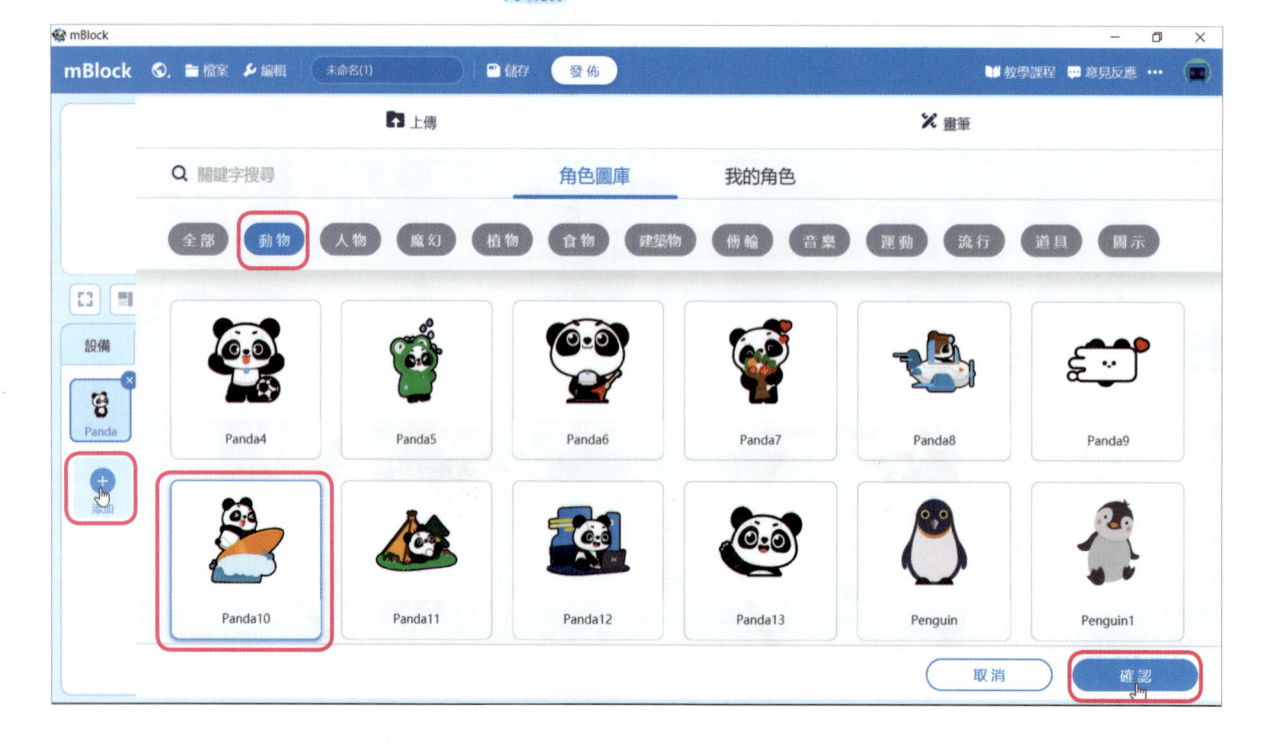

Step 2 重複上一步驟，新增「Airplane9」、「Boy15」、「Girl13」三個角色。

三 新增背景

點選 背景 ，按 ＋ ，點選 自然 ，按 Lake5 （湖），新增背景。

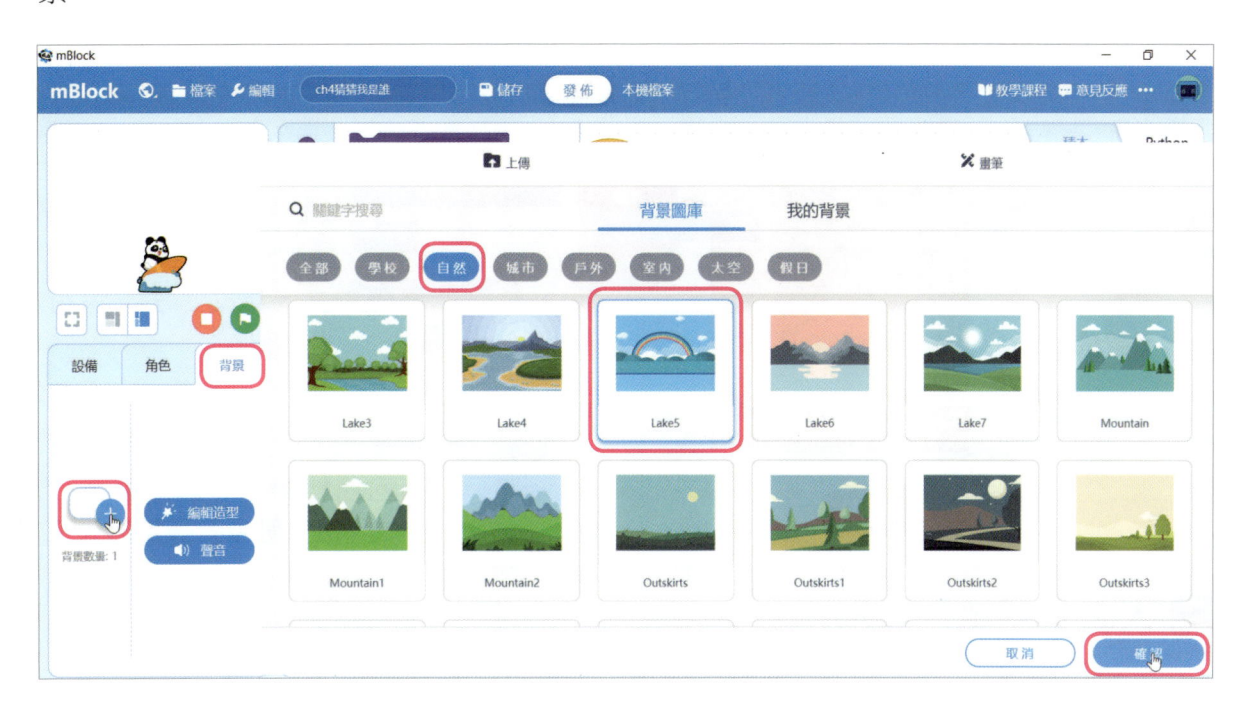

4-4 人工智慧語音識別

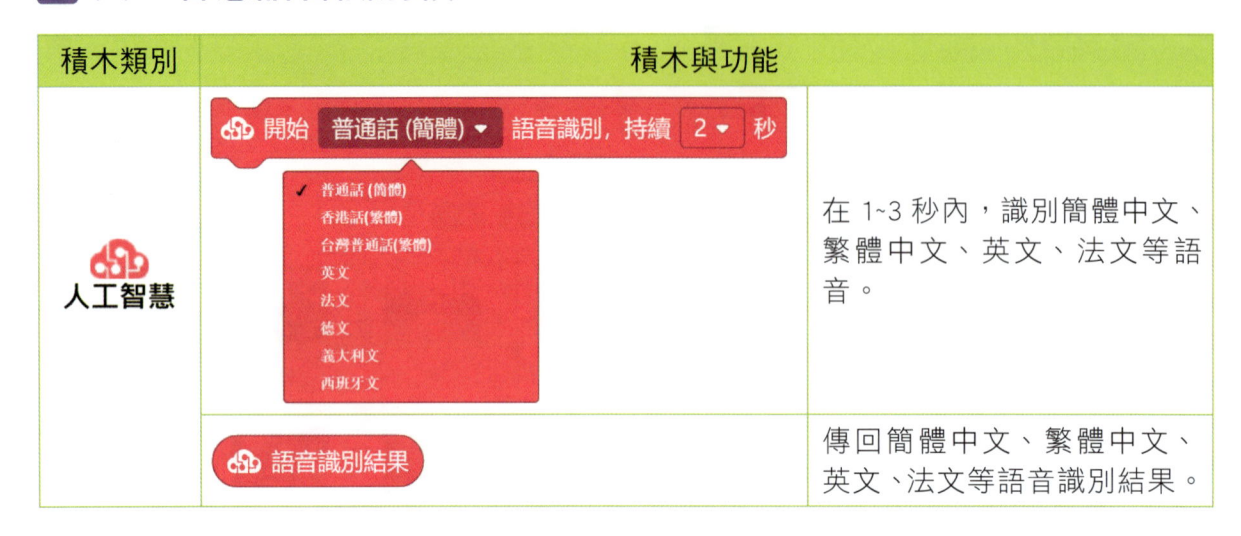

當按下鍵盤按鍵 A，人工智慧語音識別，當人工智慧語音識別結果包含彩虹時，Halocode 的 LED 顯示彩虹動畫，同時背景也顯示彩虹顏色特效。

一 人工智慧語音識別積木

積木類別	積木與功能
人工智慧	開始 普通話(簡體) 語音識別，持續 2 秒 （普通話(簡體)／香港話(繁體)／台灣普通話(繁體)／英文／法文／德文／義大利文／西班牙文） 在 1~3 秒內，識別簡體中文、繁體中文、英文、法文等語音。
	語音識別結果 傳回簡體中文、繁體中文、英文、法文等語音識別結果。

二 人工智慧語音識別

開啟電腦麥克風，當按下鍵盤按鍵 A，角色 Panda 識別語音。

Step 1 點選 角色 ，按 延伸集 ，在「認知服務」點選 下載 ，再按 添加 。

註：認知服務就是人工智慧（AI），能夠辨識語音、文字、人臉年齡、人臉情緒、性別等。

Step 2 按 **事件** 與 **人工智慧**，拖曳下圖積木，當按下 a，台灣繁體語音識別 2 秒。

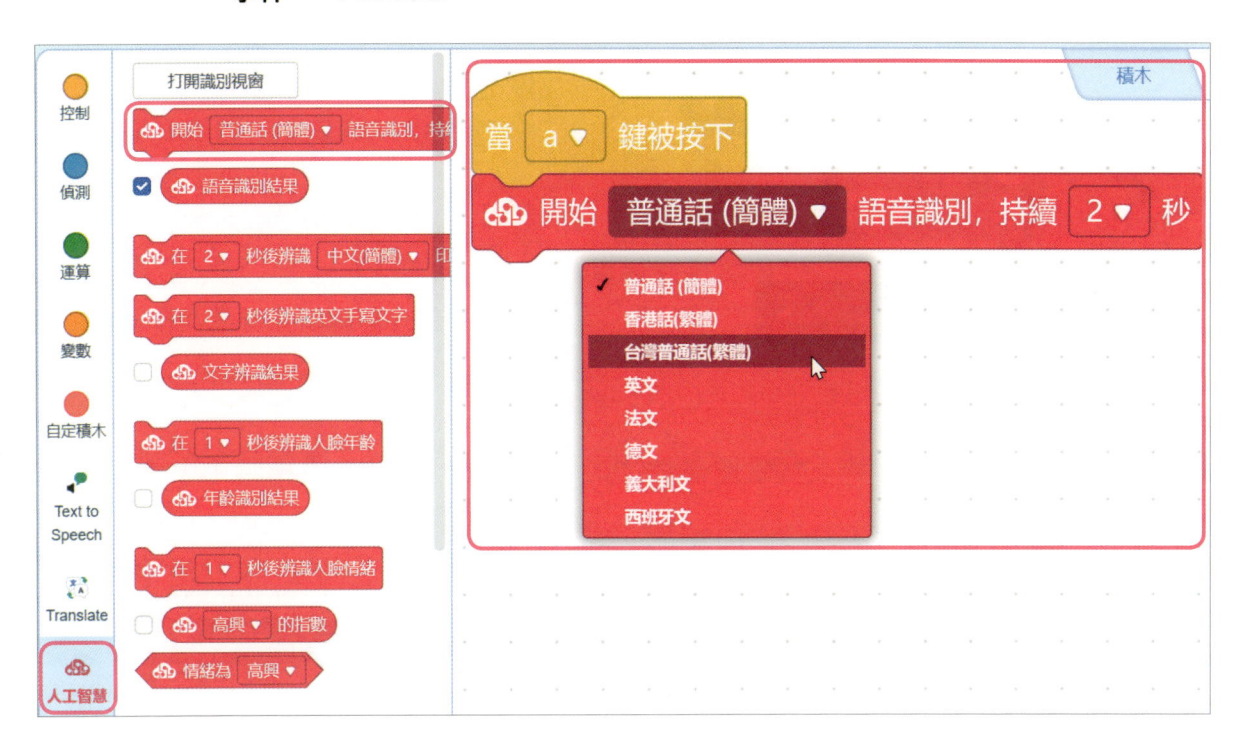

Step 3 按 **外觀** 與 **人工智慧**，讓角色 Panda 說出語音識別結果，並勾選語音識別結果，在舞台顯示。

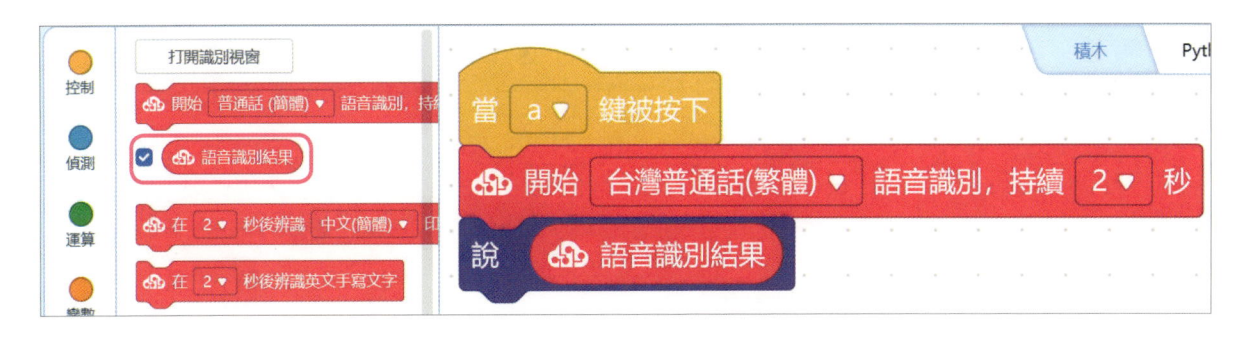

三 文字轉語音

在「角色」的延伸集，新增「Text to Speech」（文字轉語音），將文字轉換成世界各國的語言語音，使用文字轉語音時，電腦必須保持網路連線。

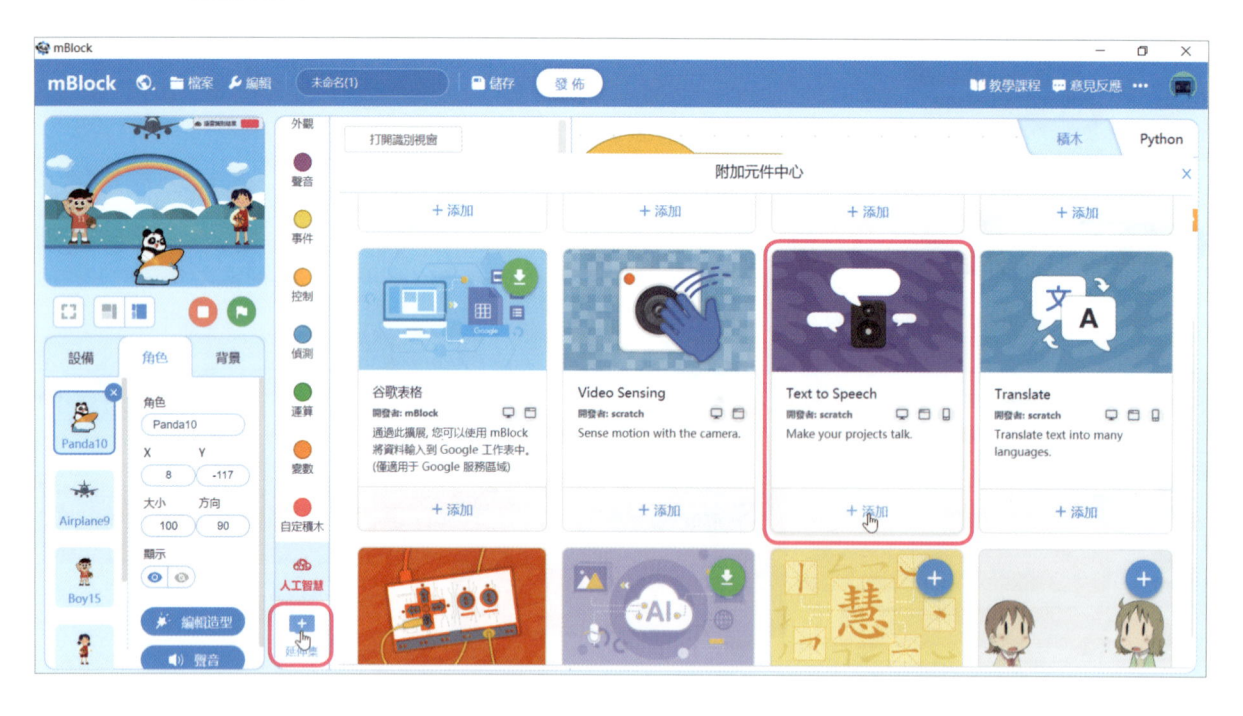

積木類別	積木與功能	
Text to Speech	set language to English ▼	設定語音的語言為英文或中文（Chinese Mandarin）等。
	speak hello	說出「hello」的語音。
	set voice to alto ▼	設定語音的音調為男音或女音。

Step 1 按 延伸集，點選 Text to Speech （文字轉語音），讓電腦喇叭播放語音識別結果。

Step 2 點選 Text to Speech（文字轉語音），拖曳下圖積木，設定語言為「Chinese Mandarin」（繁體中文），並說出語音識別結果。

Step 3 按 控制 與 運算 拖曳下圖積木，等待語音識別包含「彩虹」，再廣播訊息。

Step 4 按 事件，拖曳 廣播訊息 訊息1，點選 新訊息，輸入「語音」，廣播訊息給角色及 Halocode。

Step 5　按下鍵盤按鍵 a，對著電腦麥克風說：「彩虹」，檢查語音識別結果是否為「彩虹」，同時 Panda 也說出：「彩虹」。

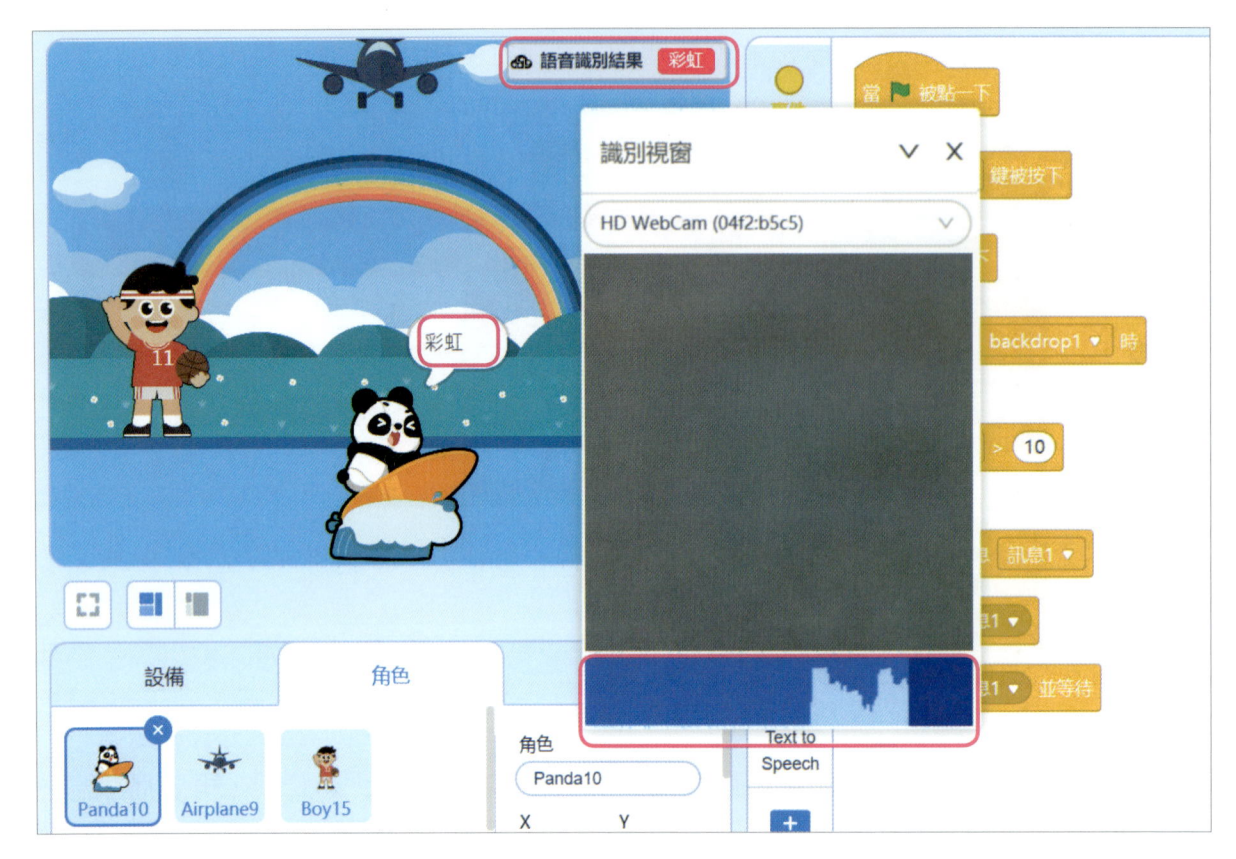

四 角色廣播 Halocode 互動

當人工智慧語音識別結果包含彩虹時，Halocode 的 LED 顯示彩虹動畫。

Step 1　點選 HaloCode 設備，按 事件 與 照明，拖曳下圖積木，當收到「語音」廣播時，LED 播放彩虹動畫。

Step 2　按下鍵盤按鍵 a，對著電腦麥克風說：「彩虹」，檢查語音識別結果為「彩虹」時，Halocode 播放「彩虹」。

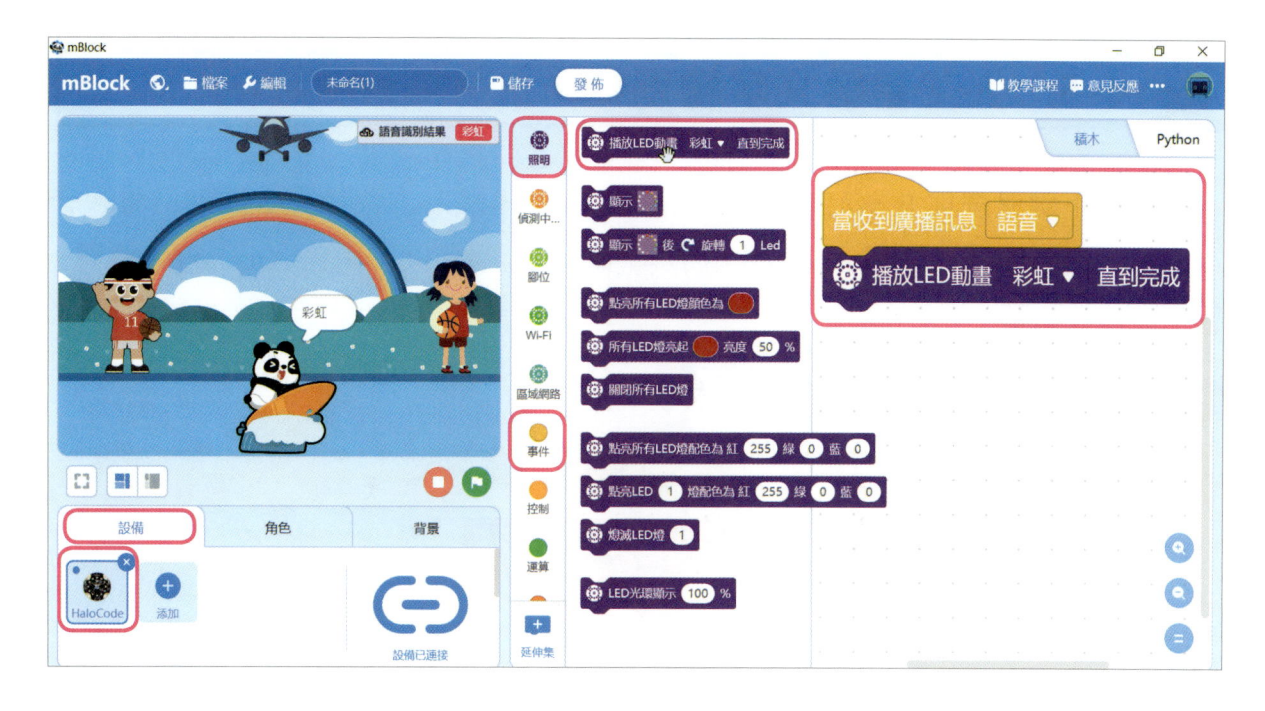

五 角色廣播背景互動

當人工智慧語音識別結果包含彩虹時，背景也顯示彩虹顏色特效。

點選 Lake5 480 x 360 背景，按 事件、控制 與 外觀，拖曳下圖積木，當收到「語音」廣播時，背景播放顏色特效 10 次，播放特效之後恢復原來背景的顏色。

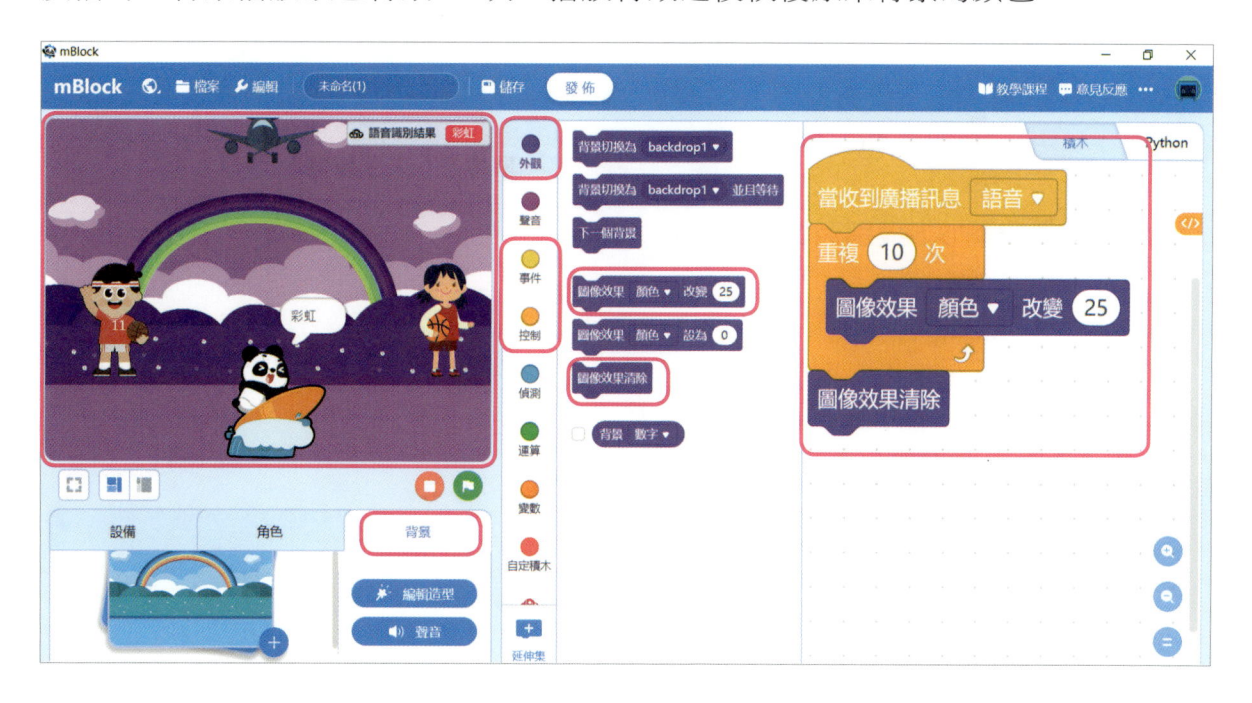

4-5 人工智慧文字識別

當按下鍵盤按鍵 B，人工智慧印刷文字識別，當人工智慧文字識別結果包含 Airplane（飛機）時，Halocode 的 LED 顯示彩色燈環，同時角色 Airplane（飛機）顯示並播放動畫。

一 人工智慧印刷文字識別積木

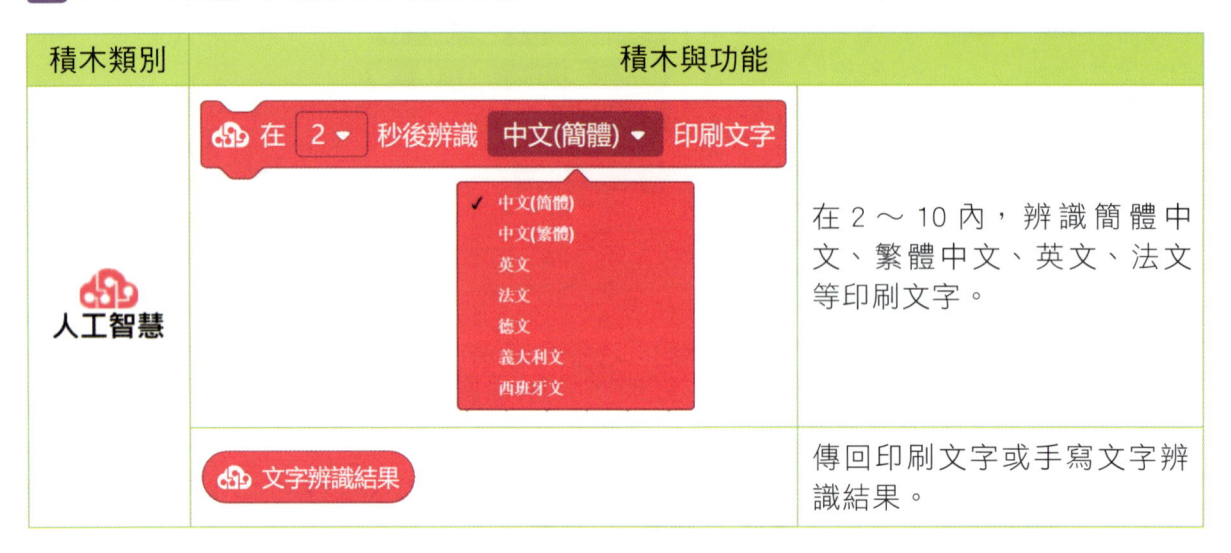

積木類別	積木與功能
人工智慧	在 2 秒後辨識 中文(簡體) 印刷文字（中文(簡體)、中文(繁體)、英文、法文、德文、義大利文、西班牙文） — 在 2～10 內，辨識簡體中文、繁體中文、英文、法文等印刷文字。
	文字辨識結果 — 傳回印刷文字或手寫文字辨識結果。

二 人工智慧文字識別

開啟電腦視訊攝影機，當按下鍵盤按鍵 B，角色 Panda 識別英文印刷文字。

Step 1 按 Panda 角色，點選 Panda10，按 事件 與 人工智慧，拖曳下圖積木，當按下 b，識別英文印刷文字 2 秒。

Chapter 4　Halocode 與人工智慧：猜猜我是誰

註 文字辨識的功能包括印刷文字或手寫文字，文字的類別包括中文、英文、法文等。

Step 2 按 外觀 與 人工智慧 ，讓角色 Panda 說出英文文字辨識結果，並勾選文字辨識結果，在舞台顯示。

Step 3 點選 Text to Speech （文字轉語音），拖曳下圖積木，設定語言為「English」（英文），並說出英文語音識別結果。

Step 4 按 控制 與 運算 拖曳下圖積木，等待文字辨識包含「Airplane」，再廣播訊息。

75

Step 5 按 事件，拖曳 廣播訊息 訊息1，點選 新訊息，輸入「文字」，廣播訊息給角色及 Halocode。

Step 6 按下鍵盤按鍵 b，對著電腦視訊攝影機顯示：「Airplane」印刷文字，檢查文字辨識結果是否為「Airplane」（飛機），同時 Panda 也說出：「Airplane」，電腦喇叭播放「Airplane」英文語音。

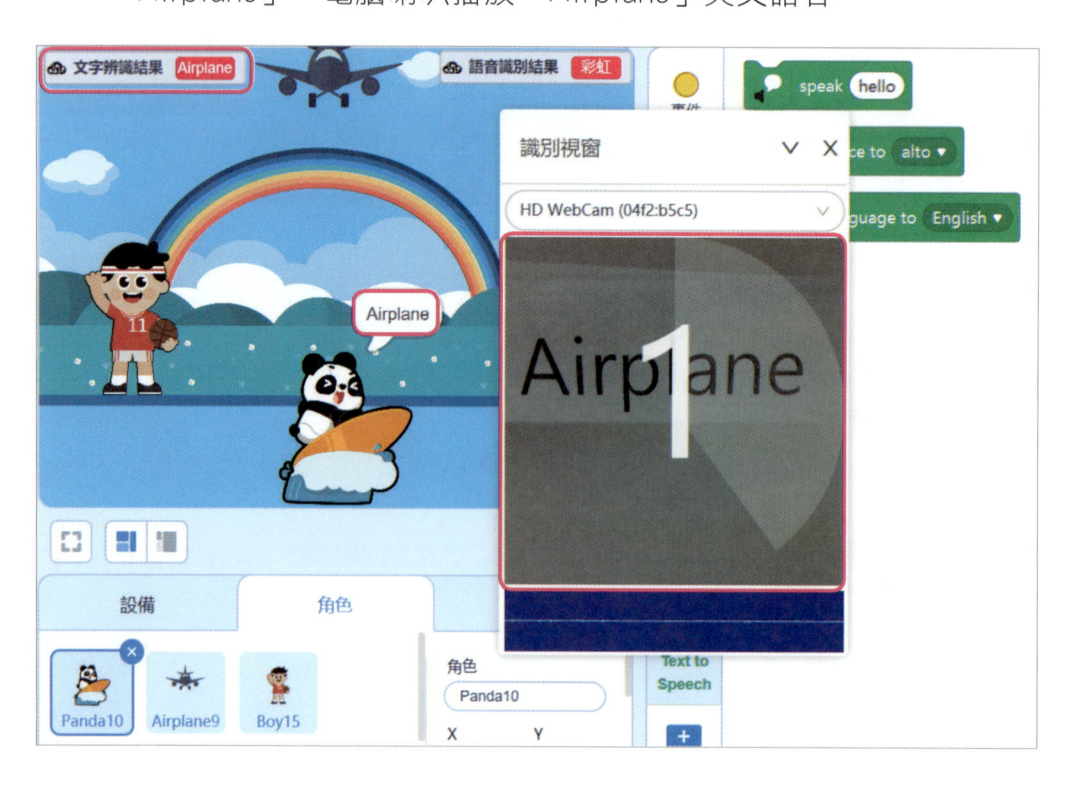

三 角色廣播 Halocode 互動

當人工智慧文字辨識結果包含 Airplane 時，Halocode 的 LED 顯示彩色燈環。

Step 1 點選 設備，按 事件 與 照明，拖曳下圖積木，當收到「文字」廣播時，LED 播放彩色燈環。

Step 2 按下鍵盤按鍵 b，對著電腦視訊攝影機顯示：「Airplane」印刷文字，檢查文字辨識結果為「Airplane」時，Halocode 播放彩虹燈環。

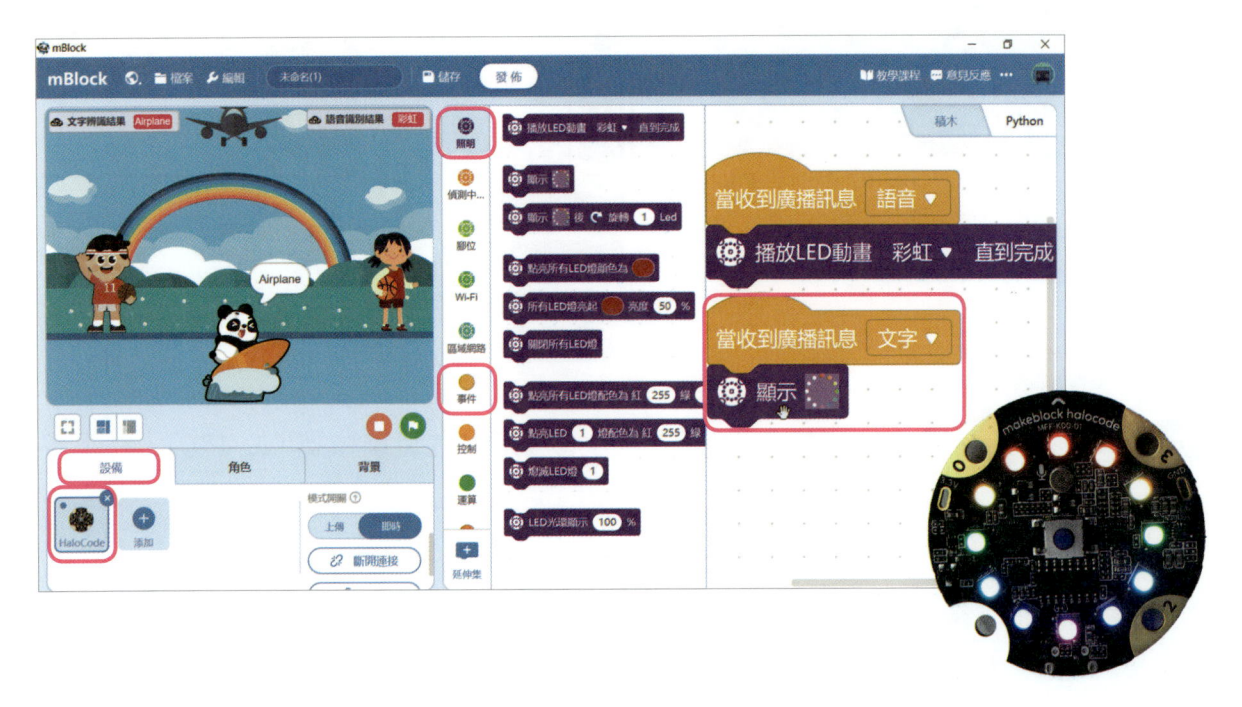

四 角色廣播背景互動

當人工智慧語音識別結果包含 Airplane 時，角色 Airplane 顯示特效後隱藏。

Step 1 按角色，點選 Airplane9（飛機），按 事件 與 外觀，拖曳下圖積木，程式開始執行時，飛機隱藏，當收到「文字」廣播，再顯示。

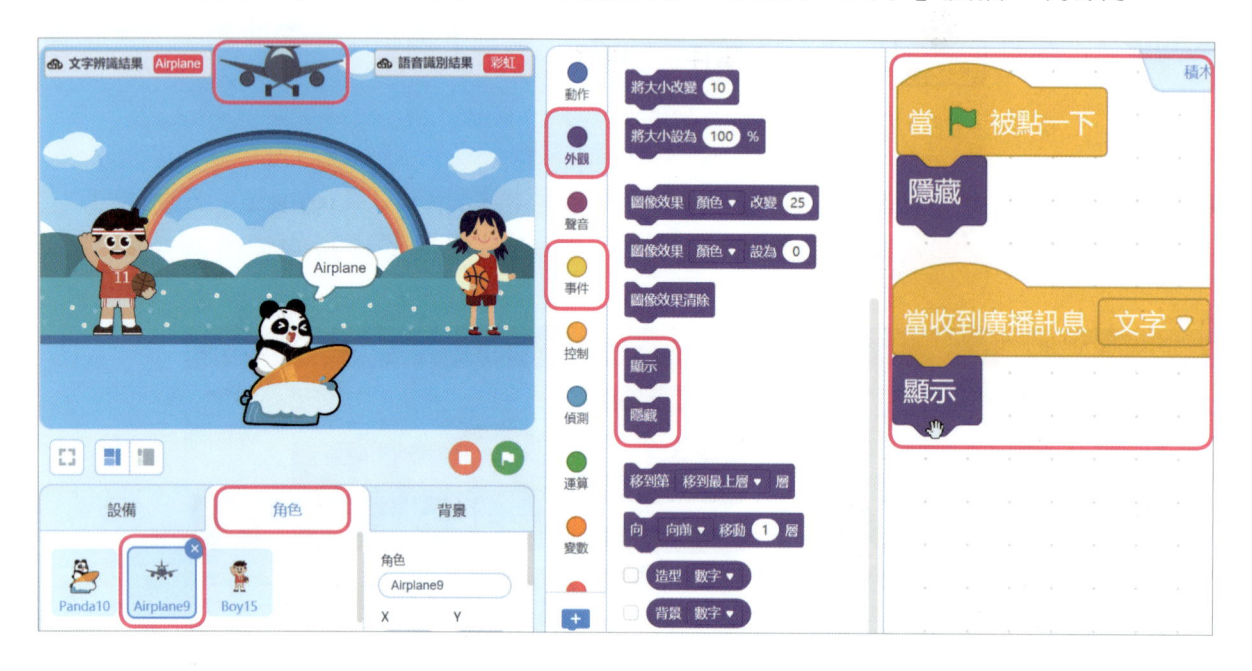

Step 2 按 動作 與 控制，拖曳下圖積木，飛機定位在目前位置(0, 170)，往下移動 1 步，重複 40 次，移動 40 步。

Step 3 按 外觀，拖曳下圖積木，飛機每移動 1 步，變大 10，移動 40 步之後隱藏。

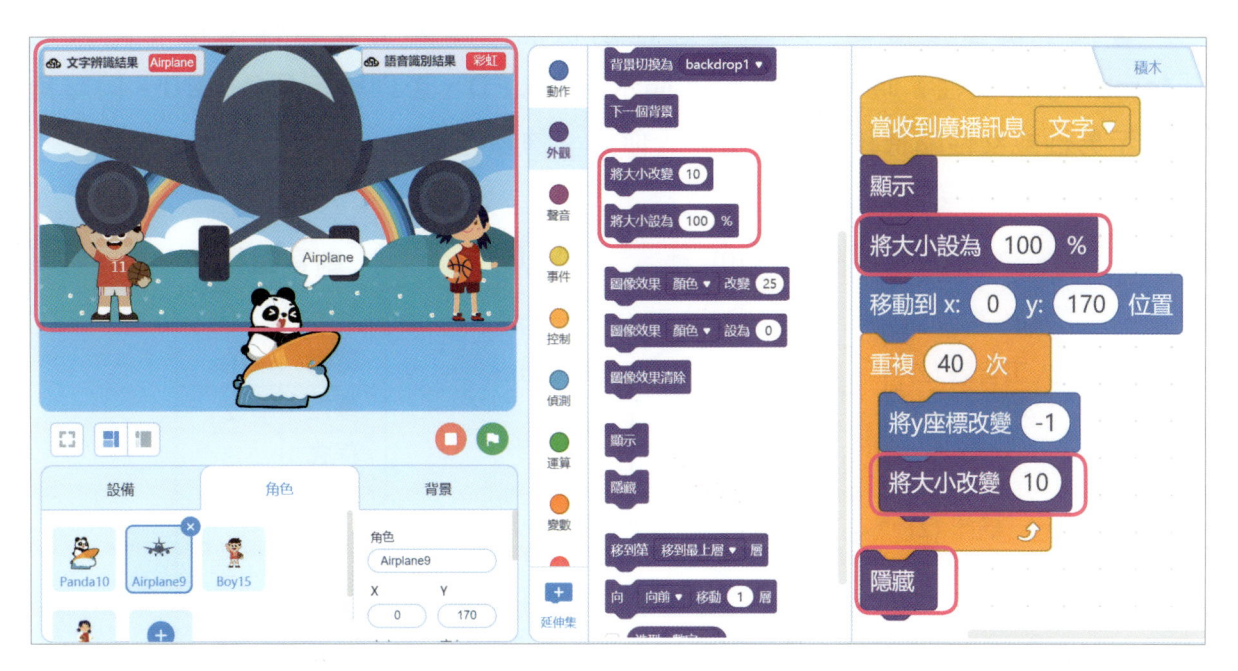

Step 4 按下鍵盤按鍵 b，對著電腦視訊攝影機顯示：「Airplane」印刷文字，檢查文字辨識結果為「Airplane」，Halocode 播放彩虹燈環，飛機顯示特效後隱藏。

4-6 人工智慧性別檢測

當按下鍵盤按鍵 C，人工智慧性別檢測，當人工智慧性別檢測結果為「female」（女性）時，Halocode 顯示粉色 LED，否則顯示藍色 LED。同時角色顯示男性或女性隨機移動並說出：「你好」的動畫。

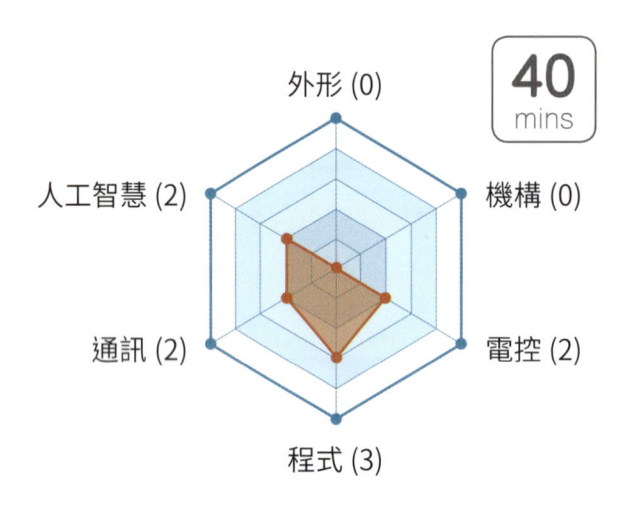

創客指標	
外形	0
機構	0
電控	2
程式	3
通訊	2
人工智慧	2
創客總數	9

創客題目編號：A027013

一、人工智慧性別檢測積木

積木類別	積木與功能
人工智慧	1 秒後, 檢測性別 — 在 1～3 秒內，識別人臉性別。
	性別辨識結果 — 傳回人臉性別辨識結果。

二、人工智慧性別檢測

開啟電腦視訊攝影機，當按下鍵盤按鍵 C，角色 Panda 識別人臉性別。

Step 1 按 Panda 角色，點選 Panda10，按 事件 與 人工智慧，拖曳下圖積木，當按下 C，識別人臉性別 1 秒。

Step 2 按 外觀 與 人工智慧，讓角色 Panda 說出性別辨識結果，並勾選性別辨識結果，在舞台顯示。

Chapter 4　Halocode 與人工智慧：猜猜我是誰

Step 3　點選 Text to Speech（文字轉語音），拖曳下圖積木，設定語言為「English」（英文），並說出性別辨識結果的語音。

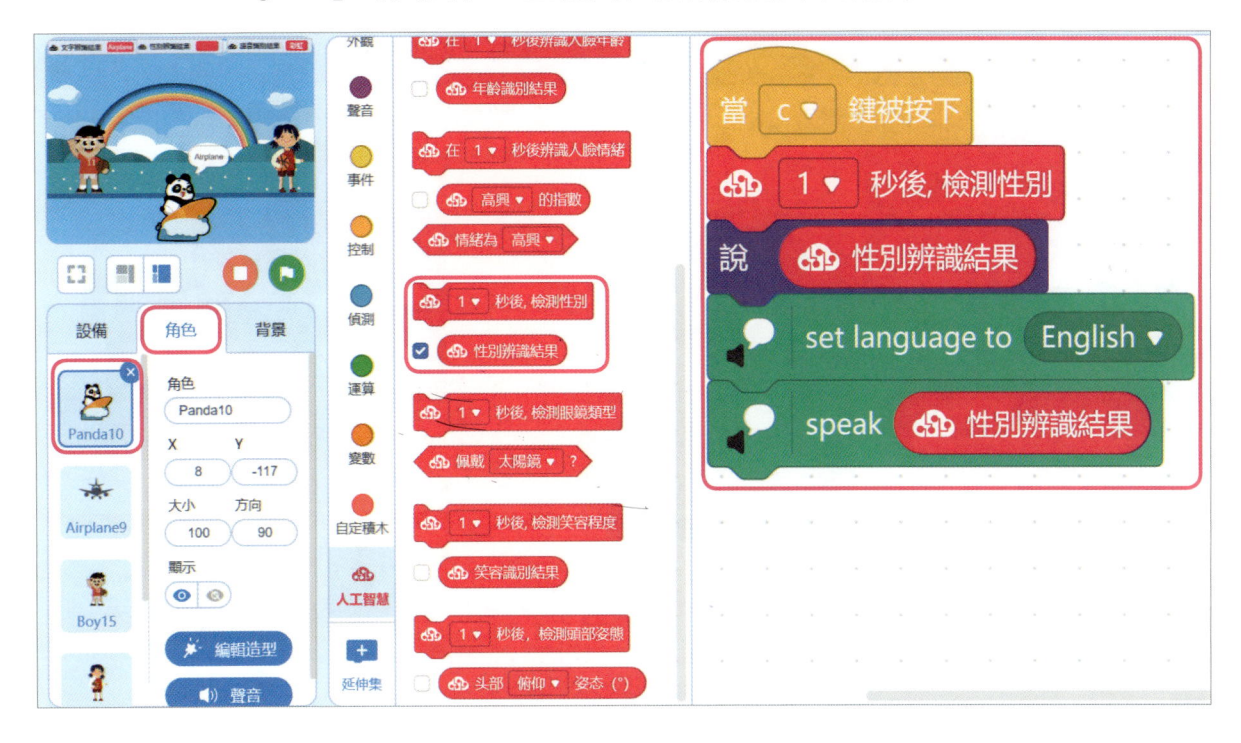

註：人工智慧人臉識別的功能人臉年齡、情緒、頭部姿勢、性別、笑容等。

Step 4　按 控制、運算 與 事件，拖曳下圖積木，如果性別辨識結果包含「female」（女性），就廣播訊息「女」，否則廣播訊息「男」。

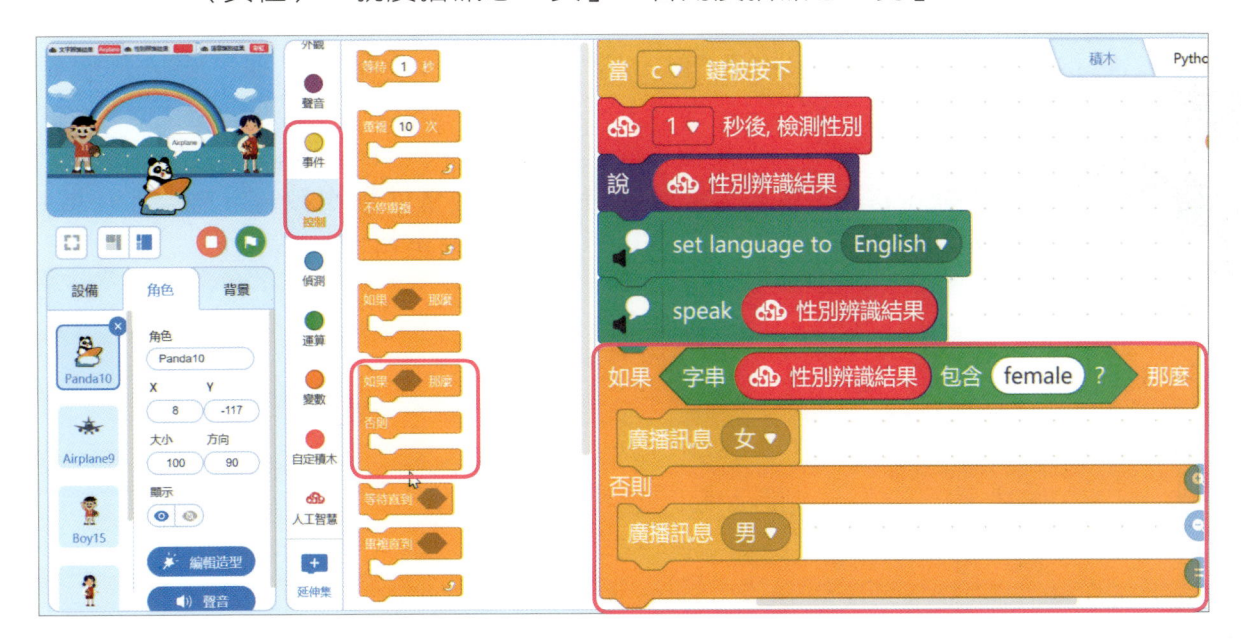

81

Step 5　按下鍵盤按鍵 c，對著電腦視訊攝影機，檢查性別辨識結果為「female」
（女性）或「male」（男性），同時 Panda 也說出：「female」或「male」，
電腦喇叭播放英文語音。

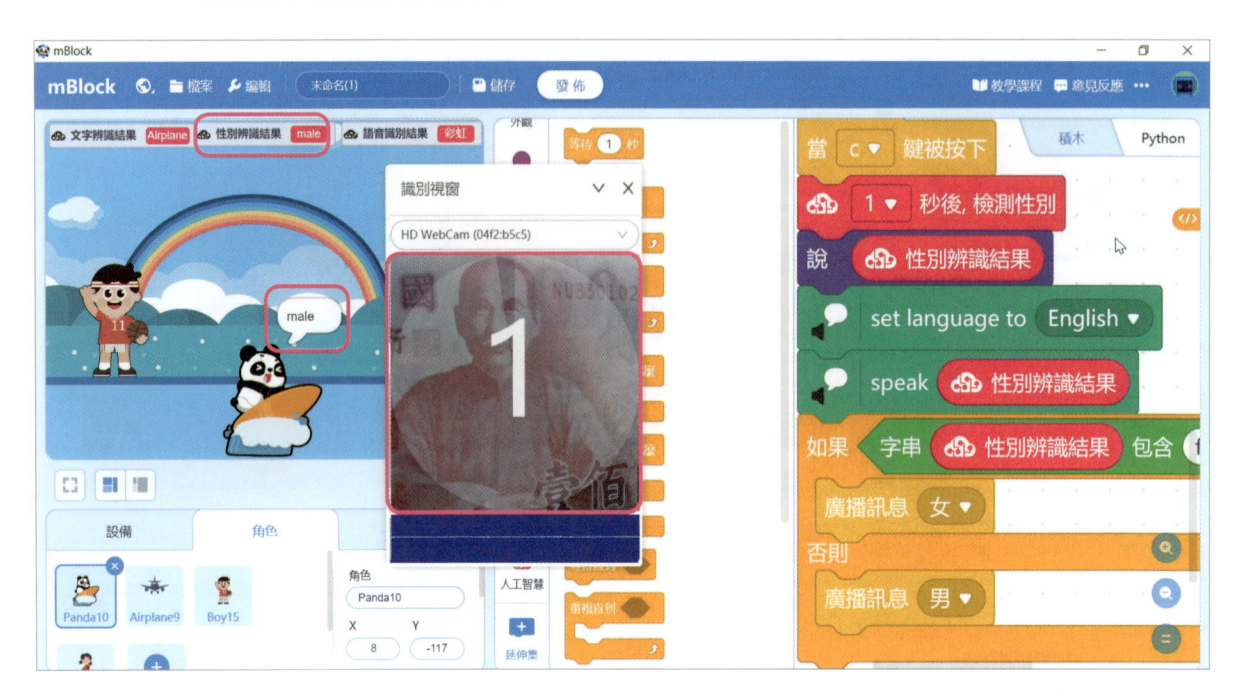

三 角色廣播 Halocode 互動

當人工智慧性別檢測結果為「female」（女性）時，Halocode 顯示粉色 LED，否則顯示藍色 LED。

Step 1　點選 HaloCode 設備，按 事件 與 照明，拖曳下圖積木，當收到「女」廣播時，Halocode 顯示粉色 LED；當收到「男」廣播時，Halocode 顯示藍色 LED。

Step 2　按下鍵盤按鍵 C，對著電腦視訊攝影機，檢查性別辨識結果為「female」（女性）或「male」（男性）時，是否顯示粉色或藍色 LED。

Chapter 4　Halocode 與人工智慧：猜猜我是誰

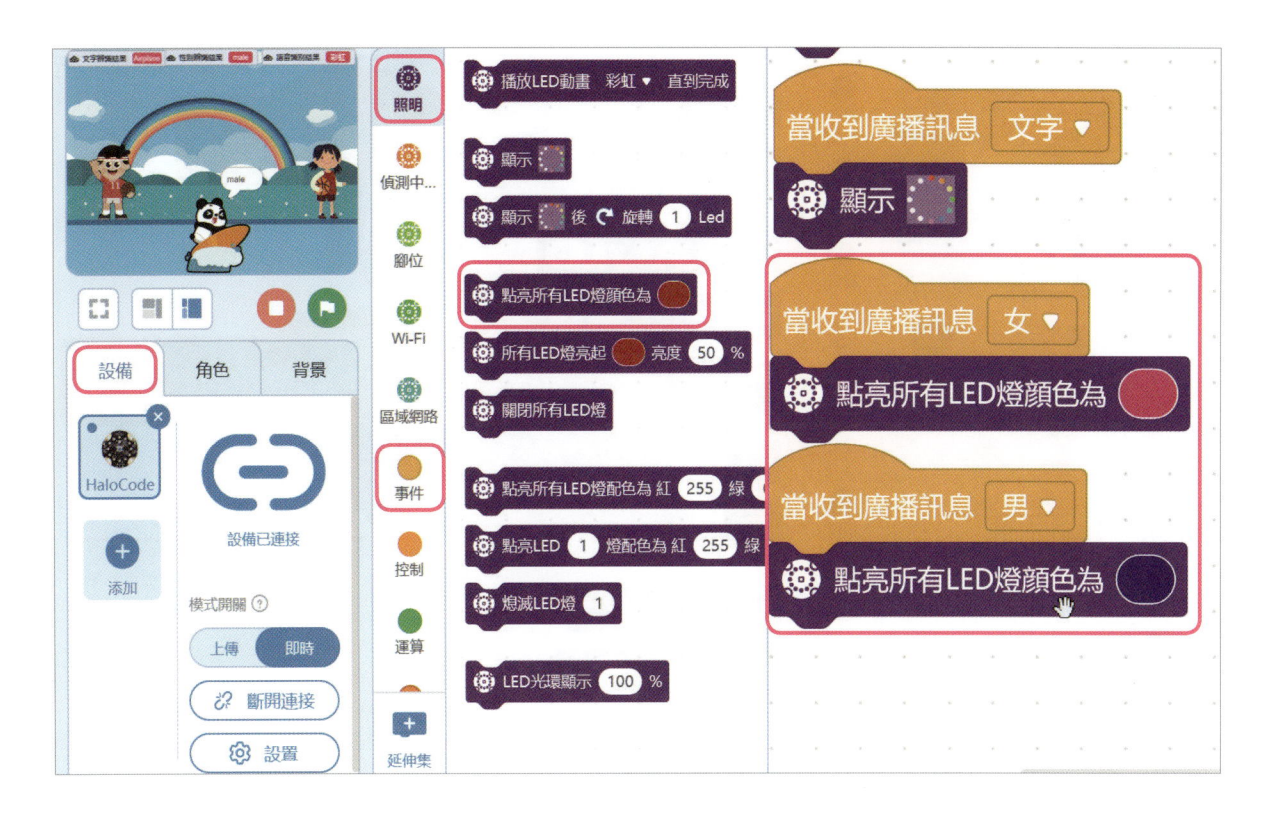

四 角色廣播角色互動

當人工智慧性別檢測結果為「female」（女性）時，角色顯示女性動畫、結果為「male」（男性）時，角色顯示男性動畫。

Step 1 按 Girl13 角色，點選 Girl13 （女孩），按 事件 與 外觀，拖曳下圖積木，程式開始執行時，角色隱藏，當收到「女」廣播，再顯示。

用主題範例學運算思維與程式設計

Step 2 按 動作、控制 與 外觀，拖曳下圖積木，女孩顯示之後說：「你好」，並在舞台隨機移動 3 次後隱藏。

Step 3 點選 Boy15（男孩），拖曳下圖積木，當收到「男」廣播，再顯示。

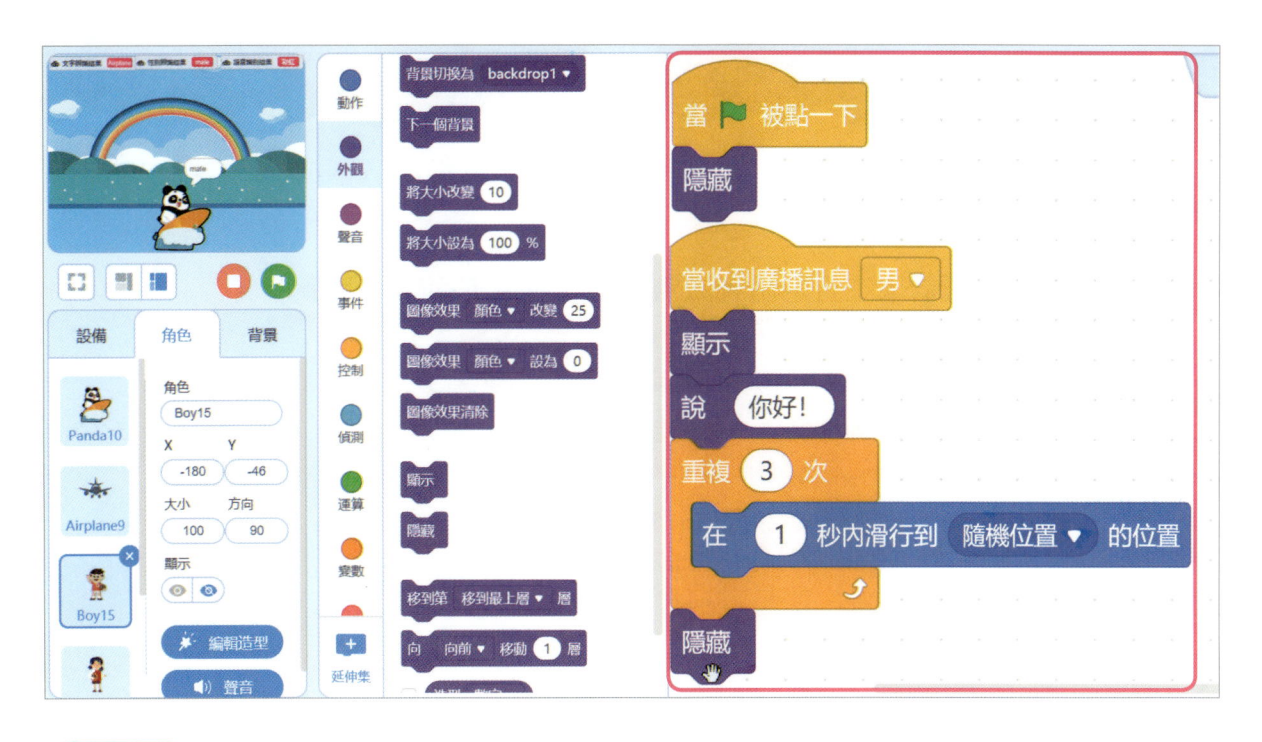

Step 4 按下鍵盤按鍵 C，對著電腦視訊攝影機，檢查性別辨識結果為「female」（女性）或「male」（男性）時，是否顯示女孩或男孩的動畫。

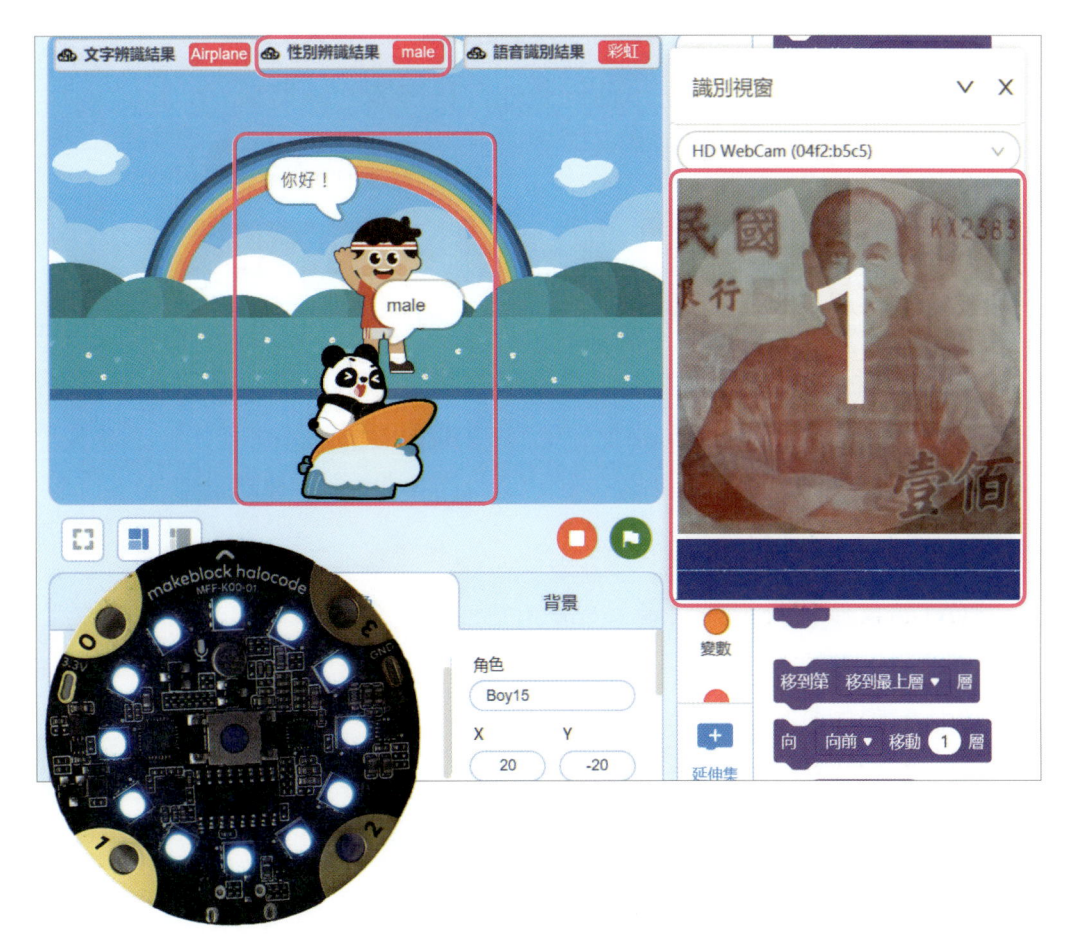

Chapter 4　課後練習

一、單選題

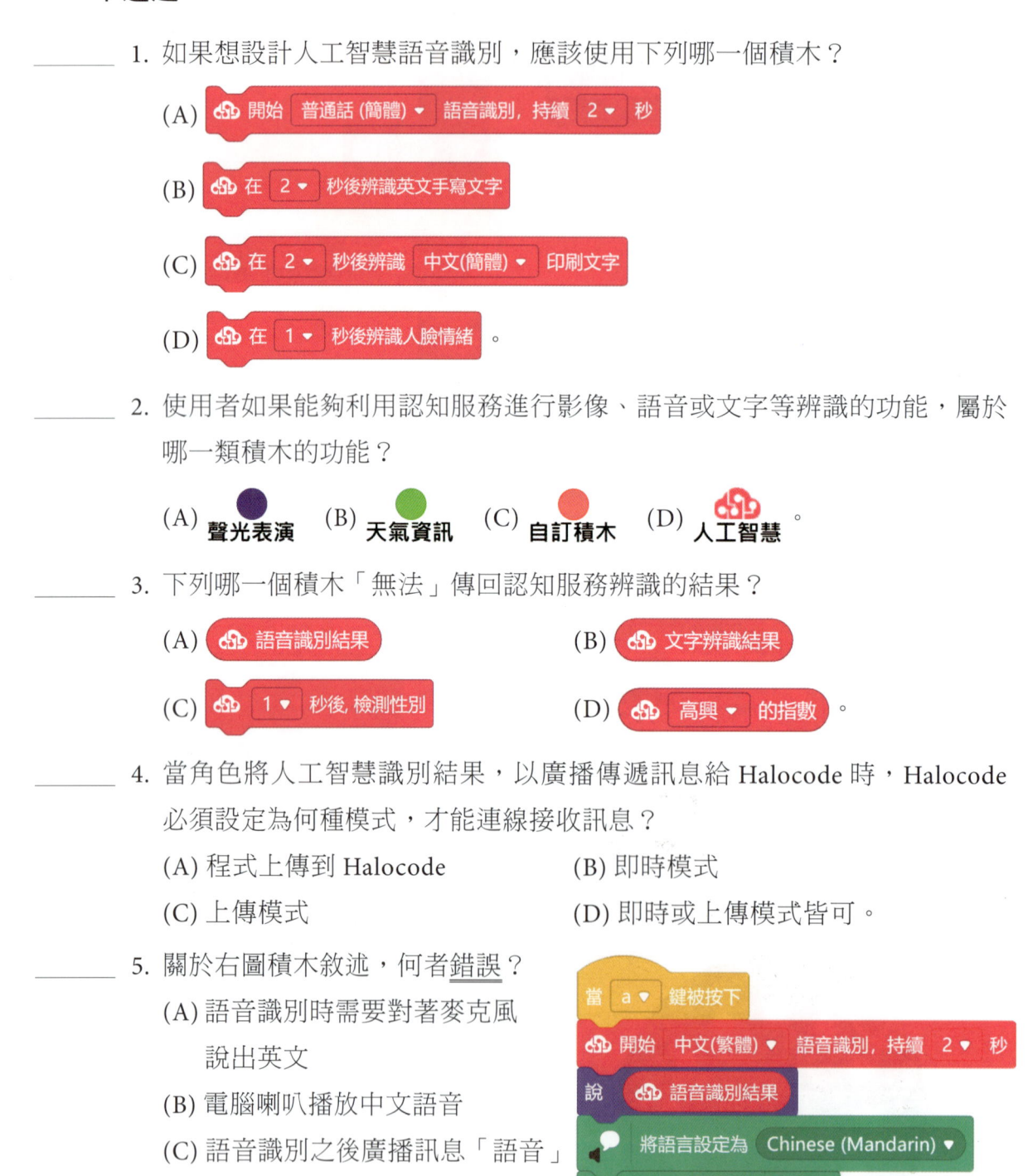

_____ 1. 如果想設計人工智慧語音識別，應該使用下列哪一個積木？

(A) 開始 普通話(簡體) 語音識別，持續 2 秒

(B) 在 2 秒後辨識英文手寫文字

(C) 在 2 秒後辨識 中文(簡體) 印刷文字

(D) 在 1 秒後辨識人臉情緒 。

_____ 2. 使用者如果能夠利用認知服務進行影像、語音或文字等辨識的功能，屬於哪一類積木的功能？

(A) 聲光表演　(B) 天氣資訊　(C) 自訂積木　(D) 人工智慧 。

_____ 3. 下列哪一個積木「無法」傳回認知服務辨識的結果？

(A) 語音識別結果　(B) 文字辨識結果

(C) 1 秒後，檢測性別　(D) 高興 的指數 。

_____ 4. 當角色將人工智慧識別結果，以廣播傳遞訊息給 Halocode 時，Halocode 必須設定為何種模式，才能連線接收訊息？

(A) 程式上傳到 Halocode　(B) 即時模式

(C) 上傳模式　(D) 即時或上傳模式皆可。

_____ 5. 關於右圖積木敘述，何者錯誤？

(A) 語音識別時需要對著麥克風說出英文
(B) 電腦喇叭播放中文語音
(C) 語音識別之後廣播訊息「語音」
(D) 舞台角色會顯示語音識別結果的文字內容。

_____ 6. 下圖程式執行結果為何？

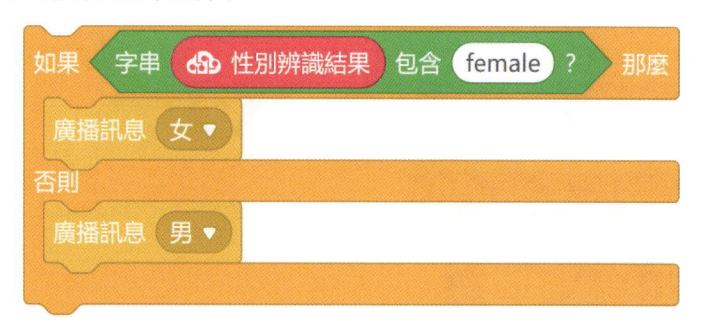

(A) 如果性別辨識結果包含 female，廣播男
(B) 如果性別辨識結果包含 male，廣播女
(C) 如果性別辨識結果包含 female，廣播女
(D) 以上皆是。

_____ 7. 如果想設計讓角色變大，應該使用下列哪一個積木？

(A) 圖像效果 顏色 改變 25
(B) 大小
(C) 圖像效果清除
(D) 將大小改變 10。

_____ 8. 下圖程式執行結果，何者正確？

(A) 角色先顯示後隱藏
(B) 角色接收到男的廣播才顯示
(C) 角色永遠隱藏
(D) 角色永遠顯示。

_____ 9. 如果想設計讓角色在舞台隨機移動，應該使用下列哪一個積木？

(A) 在 1 秒內滑行到 隨機位置 的位置
(B) 將x座標改變 10
(C) 在 1 秒內滑行到 x: 0 y: 0 的位置
(D) 移動到 x: 0 y: 0 位置。

_____ 10. 下列哪一個積木「無法」讓 Halocode 隨著性別辨識結果，改變 LED 顏色？

(A) 點亮所有LED燈配色為 紅 255 綠 0 藍 0

(B) 點亮所有LED燈顏色為 ●

(C) LED光環顯示 100 %

(D) 所有LED燈亮起 ● 亮度 50 %。

二、實作題

1. 請點選角色的 **外觀**，利用 圖像效果 顏色 ▼ 改變 25，設計飛機在移動過程中改變顏色。

2. 請將性別檢測程式，改寫成人臉情緒辨識。如果高興指數大於 50，Halocode 顯示粉色 LED，否則 Halocode 顯示藍色 LED。

Chapter 5

Halocode 與 STEAM 應用：18 禁賽車

5-1 「18 禁賽車」專題規劃
5-2 人工智慧人臉識別
5-3 背景動畫
5-4 Halocode 控制角色移動
5-5 角色由上往下移動
5-6 偵測碰到角色

本章學習目標

1. 能夠應用動作感測器，控制角色移動。
2. 能夠應用人工智慧科技辨識人臉。
3. 能夠應用變數設計計分功能。
4. 能夠應用造型或背景設計動畫。
5. 能夠應用 Halocode 設計與角色互動程式。

本章將 Halocode 應用在人工智慧科技，判斷年齡是否滿 18 歲。傳統判斷年齡的方式都是讓使用者自行勾選「是」或「否」，現在 mBlock 學園規劃利用人工智慧 AI 科技，辨識玩家的年齡，大於 18 者，禁止玩此遊戲，人臉年齡識別小於 18 歲者，適用此遊戲，準備開始賽車。

5-1 「18禁賽車」專題規劃

本章將利用人工智慧與 Halocode 的動作感測器，設計 18 禁賽車。

當遊戲開始時，進行人臉年齡識別，如果年齡大於等於 18 歲，說出：「不適合此遊戲，請重新辨識」；如果年齡小於 18 歲，說出：「準備開始賽車」。賽車時利用動作感測器控制賽車左右移動，同時，小鳥由上往下移動，如果碰到小鳥扣優良駕駛分數。

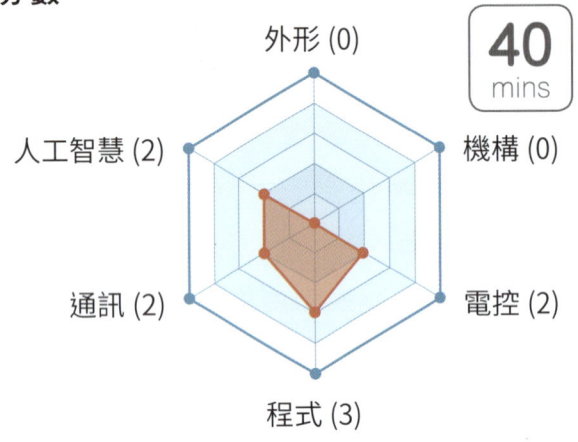

40 mins

創客指標	
外形	0
機構	0
電控	2
程式	3
通訊	2
人工智慧	2
創客總數	9

創客題目編號：A027014

一、「18禁賽車」專題規劃

設備	角色	功　能
Halocode 動作感測器	賽車 car	1-1 Halocode 向左傾斜，賽車往左移動。 1-2 Halocode 向右傾斜，賽車往右移動。
	小鳥 Bird	2-1 小鳥在高速公路上，由上往下移動。 2-2 如果賽車碰到小鳥，扣優良駕駛分數。

二、動作感測器積木

動作感測器積木能夠偵測 Halocode 前後傾斜或左右傾斜。

積木類別	積木與功能
偵測中	動作感應器 傾仰角° 角度(°)　傳回動作感測器前後傾斜（傾仰角）或左右傾斜（滾轉角）的角度。
	是HaloCode 向左傾斜 嗎?　判斷 Halocode 是否向上、向下、向左或向右傾斜。 true（真）：已經傾斜。 false（假）：未傾斜。

Chapter 5　Halocode 與 STEAM 應用：18 禁賽車

小試身手 1　Halocode 前後傾斜

Step 1　點選 設備 ，按 偵測中 ，勾選 動作感應器 傾仰角° 角度 (°) ，在舞台顯示傾仰角的角度，其中傾仰角為 Halocode 前後傾斜的角度。

Step 2　將 Halocode 直立或平放在桌面，檢查舞台顯示的傾仰角是否為 0。

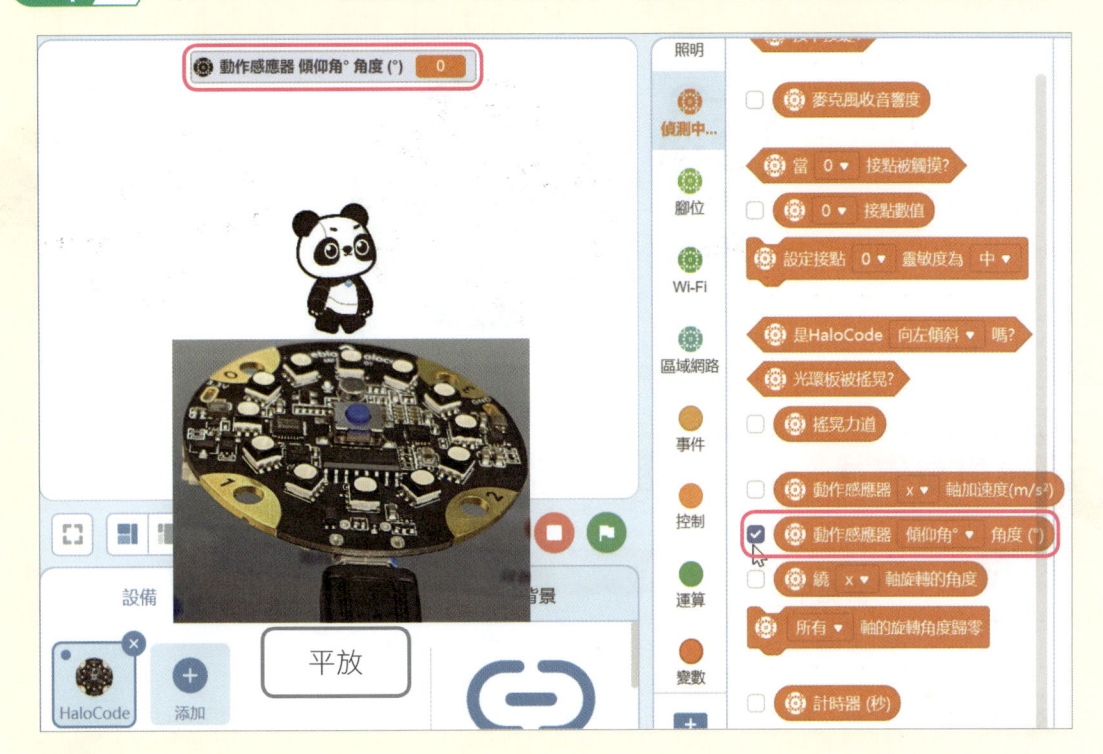

平放

Step 3　將 Halocode 直立，再往前傾斜，檢查舞台顯示的傾仰角是否遞增接近 180。

直立　　往前

91

Step 4 將 Halocode 直立,再往後傾斜,檢查舞台顯示的傾仰角是否遞減接近 -180。

直立　　往後

小試身手 2　Halocode 左右傾斜

Step 1 按 偵測中,在 動作感應器 傾仰角° 角度 (°) 點選 滾轉角,其中滾轉角為 Halocode 左右傾斜的角度。

Step 2 將 Halocode 直立或平放在桌面,檢查舞台顯示的滾轉角是否為 0。

平放

Chapter 5　Halocode 與 STEAM 應用：18 禁賽車

Step 3 將 Halocode 直立，再往右傾斜，檢查舞台顯示的滾轉角是否遞增為正數。

動作感應器 滾轉角° 角度 (°)　81

向右傾斜

Step 4 將 Halocode 直立，再往左傾斜，檢查舞台顯示的傾仰角是否遞減為負數。

動作感應器 滾轉角° 角度 (°)　-78

向左傾斜

93

註 建議使用動作感測器前，點選 設置 > 固件更新 > 更新 ，讓動作感測器恢復原廠預設值。

5-2 人工智慧人臉識別

開啟練習檔「ch5 18禁賽車」,在「設備」新增 Halocode 並連線。新增人工智慧積木,當按下空白鍵時,進行人臉年齡識別:如果年齡大於等於18歲,不適合此遊戲,請重新辨識;如果年齡小於18歲,準備開始賽車。

一、「如果-那麼-否則」判斷年齡

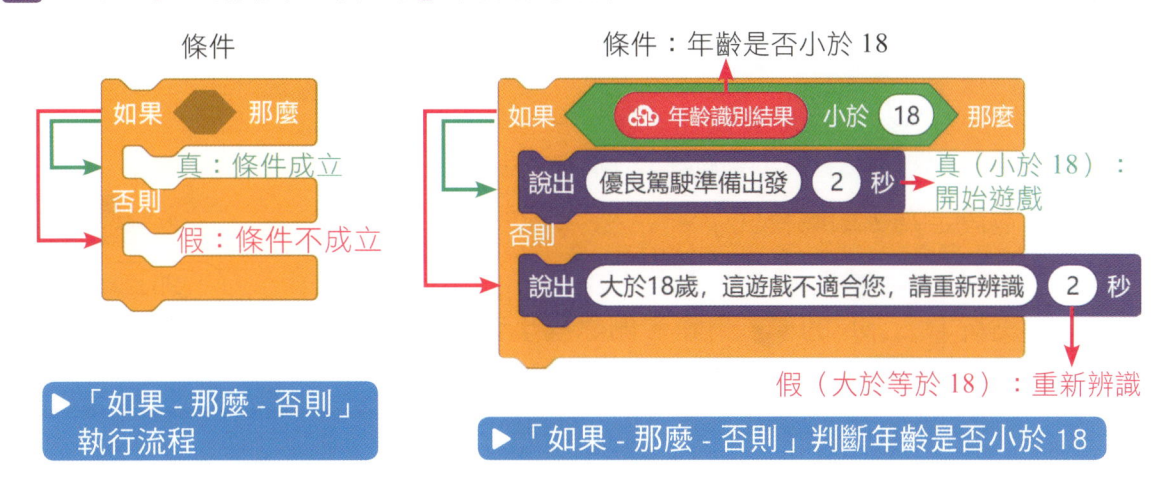

條件:年齡是否小於18

▶「如果-那麼-否則」執行流程

▶「如果-那麼-否則」判斷年齡是否小於18

真(小於18):開始遊戲

假(大於等於18):重新辨識

二、從電腦開啟檔案

點選 檔案 > 從電腦打開,點選 練習檔路徑 > ch5 18禁賽車 > 開啟 ,開啟練習檔。

> 註：練習檔內建賽車與小鳥兩個角色，說明背景以及 7 個高速公路背景。

三 新增 Halocode 設備

Step 1 將 Halocode 的 Micro USB 序列埠與電腦的 USB 連接，開啟 mBlock 5。

Step 2 在「設備」按 添加 ，點選 Halocode ，再按 確認 。

Step 3 按 連接 ，將電腦連接 Halocode，並設定為「即時模式」。

Step 4 點按 Codey 的 × 刪除，刪除程小奔（Codey）。

四 人工智慧人臉識別

Step 1 按 car 角色，點選 Car ，按 延伸集 ，在「認知服務」點選 添加 。

Chapter 5　Halocode 與 STEAM 應用：18 禁賽車

Step 2 按 **事件** 與 **人工智慧**，拖曳下圖積木，當按下空白鍵，人工智慧人臉識別 2 秒。

Step 3 按 **控制**、**運算** 與 **人工智慧**，勾選年齡識別結果，並拖曳下圖積木。如果年齡小於 18 歲，説出：「優良駕駛準備出發」，再廣播開始。如果年齡大於等於 18 歲，説出：「大於等於 18 歲，這遊戲不適合您，請重新辨識」。

97

Step 4 點擊 🚩，再按空白鍵，檢查人臉年齡識別結果是否大於等於 18 歲。

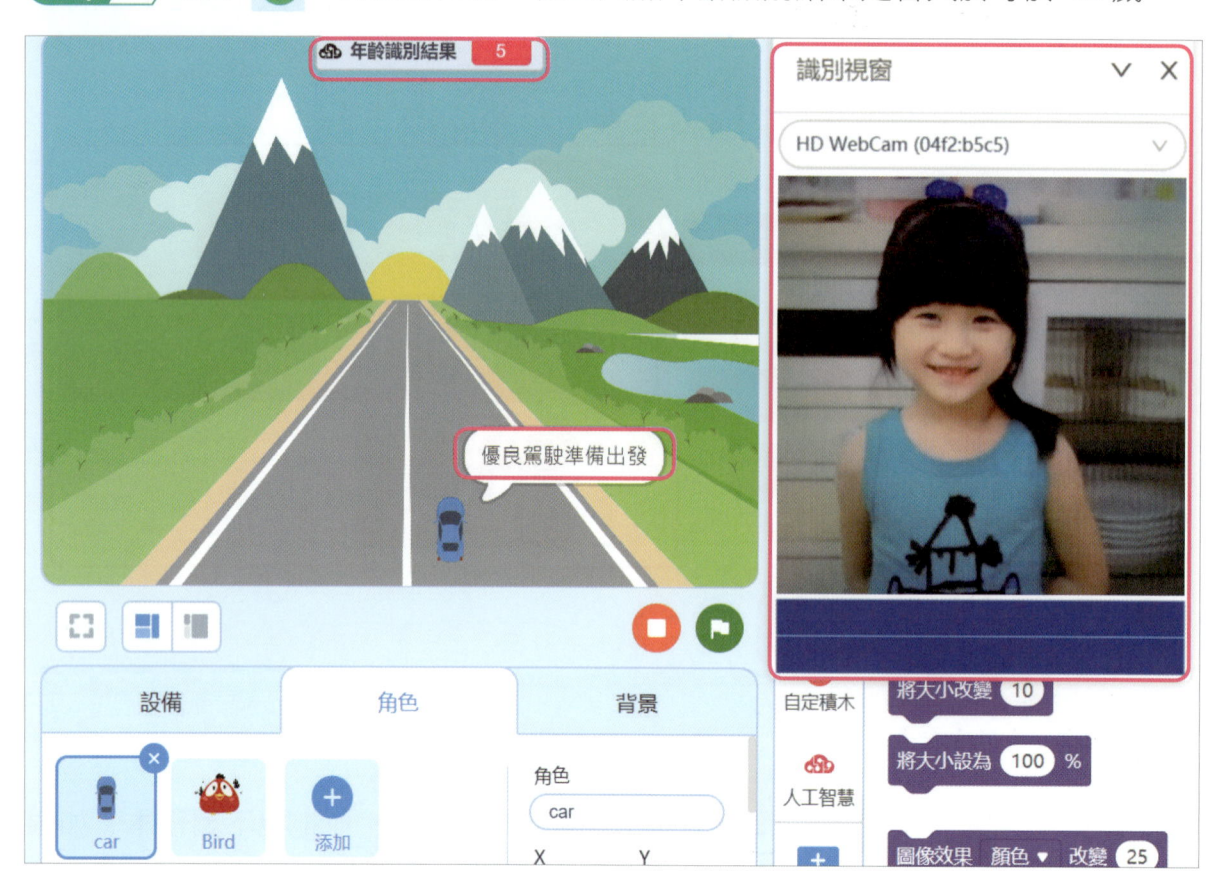

5-3 背景動畫

播放說明的背景,以及車輛在高速公路行駛移動的背景。

Step 1 按  背景,點選 編輯造型 ,練習檔內建 8 個背景。

Step 2 拖曳下圖積木,點擊綠旗時設定背景為「說明」。當收到廣播「開始」時,切換 7 個高速公路背景的動畫。

5-4　Halocode 控制角色移動

當「設備」Halocode 向左傾斜時，賽車向左移動；向右傾斜時，賽車向右移動。

▇ Halocode 控制賽車移動的方式

設備　即時模式　左右傾斜　→　設定變數　→　角色　賽車左右移動

▇ Halocode 動作感應器滾轉角

Step 1　點選「設備」，按「變數」，建立變數「左右」。

Step 2　按「偵測中」，在「動作感應器 傾仰角° 角度(°)」將「傾仰角」改成「滾轉角」，並勾選。

Step 3　將 Halocode 向左傾斜時，檢查舞台顯示的動作感應器滾轉角是否為「負數」、向右傾斜時，動作感應器滾轉角為「正數」，直立時動作感應器滾轉角為「0」。

Chapter 5　Halocode 與 STEAM 應用：18 禁賽車

> **註** 滾轉角（roll）偵測 Halocode 左右傾斜，當 Halocode 向左傾斜時，滾轉角為「負數」，向右傾斜時，滾轉角為「正數」。

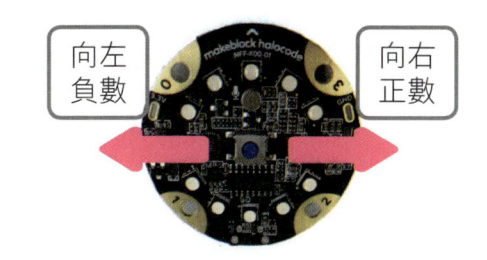

向左 負數　　向右 正數

≡ Halocode 傳遞變數值

將變數「左右」設定為 Halocode「動作感應器滾轉角」，將動作感應器的即時偵測值傳遞給變數「左右」。

Step 1　按 **事件**、**控制** 與 **變數**，拖曳下圖積木，重複設定左右變數值。

Step 2　按 **偵測中**，拖曳下圖積木，將左右變數值設定為動作感應器滾轉角。

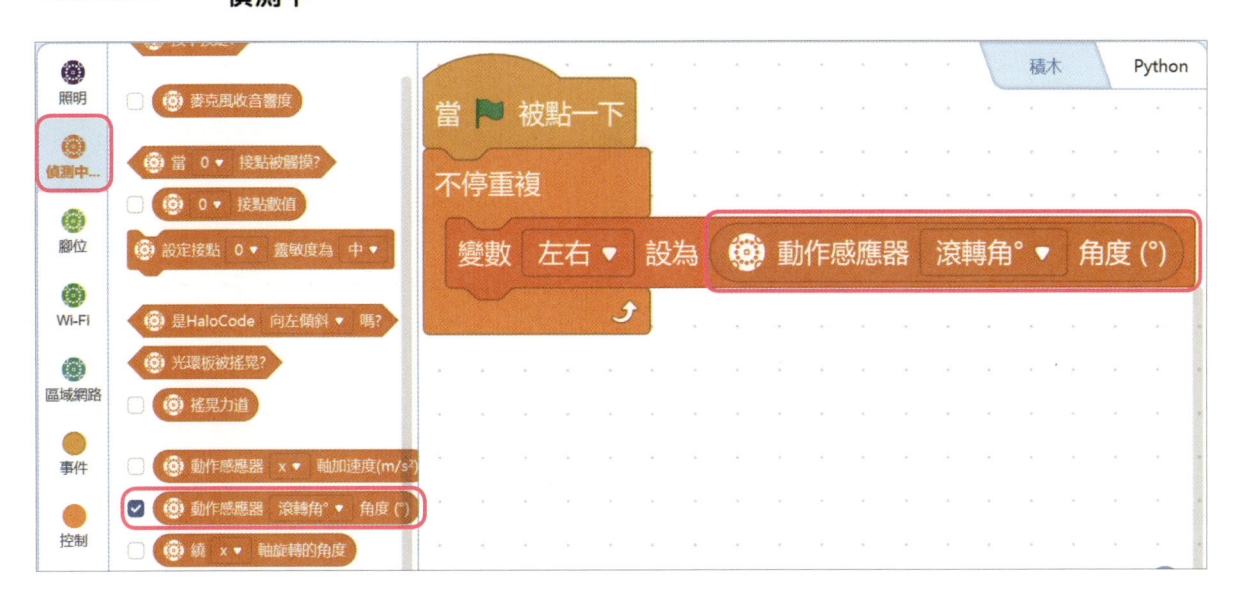

101

Step 3　點擊 🏁，再將 Halocode 向左傾斜，檢查動作感應器滾轉角是否為「負數」；向右傾斜時，動作感應器滾轉角為「正數」。同時，變數「左右」的值與「動作感應器滾轉角」的值相同。

註　點選 角色 時，無法讀取「設備」Halocode 的「動作感應器偵測值」，因此，將變數「左右」設定為「動作感應器滾轉角」，角色就能間接讀取設備的「動作感應器」傾斜方向，同時舞台上「左右 = 動作感應器滾轉角」。

四 Halocode 控制角色移動

當 Halocode 向左傾斜時，賽車向左移動；向右傾斜時，賽車向右移動。

Step 1　點選 car 角色與 Car，按 動作，拖曳下圖積木，程式開始執行時，將賽車旋轉方式設定為「周圍所有的」，能夠 360 度旋轉、並設定起跑點位置 (70, -145)，面朝右。

Chapter 5　Halocode 與 STEAM 應用：18 禁賽車

Step 2 拖曳下圖積木，當動作感應器滾轉角大於 20，賽車往右旋轉移動、當動作感應器滾轉角小於 -20，賽車往左旋轉移動、當動作感應器滾轉角介於 -20～20 之間，賽車保持向上。

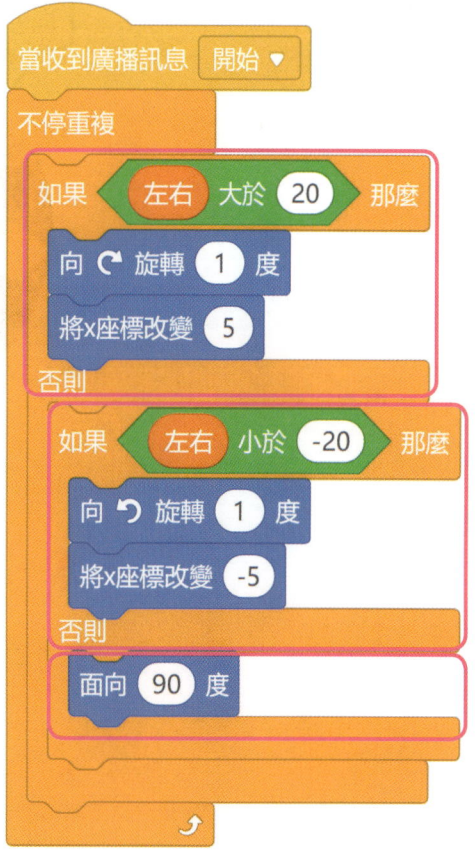

103

Step 3 點擊 🚩，按下空白鍵辨識人臉年齡，當年齡小於 18 歲時，左右傾斜 Halocode，檢查賽車是否左右移動。

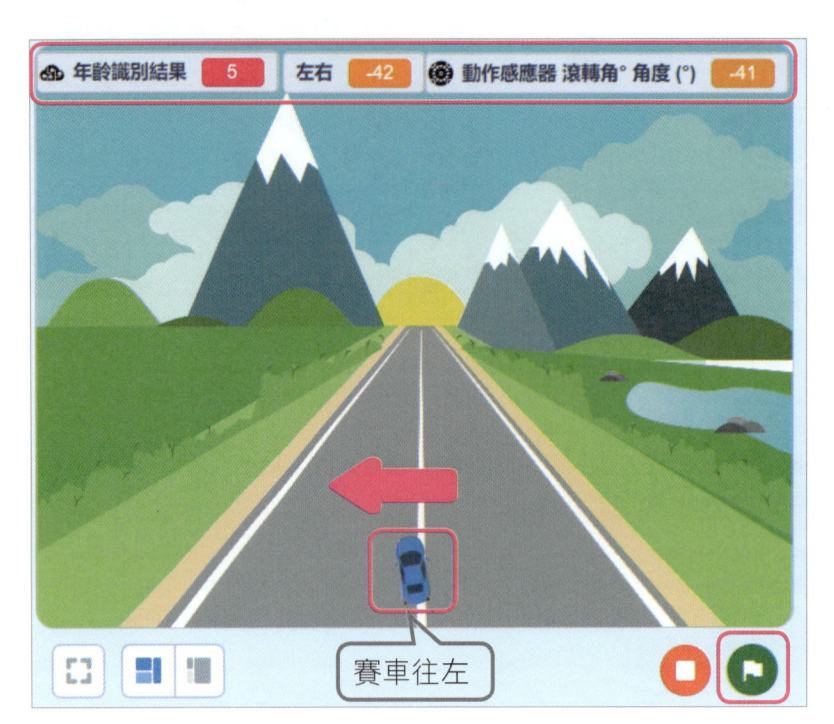

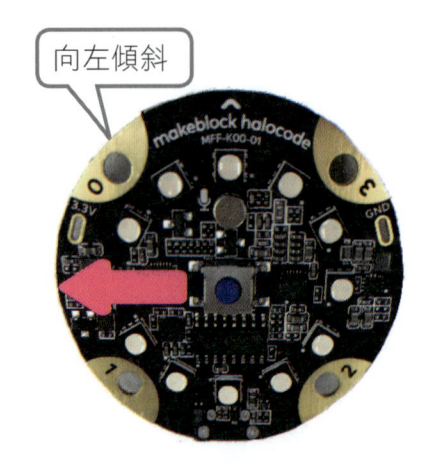

賽車往左

向左傾斜

5-5 角色由上往下移動

小鳥由上往下，沿著高速公路移動。

一 角色由上往下移動

Step 1 點選 Bird，將小鳥移到高速公路起點位置 (5, -5)。

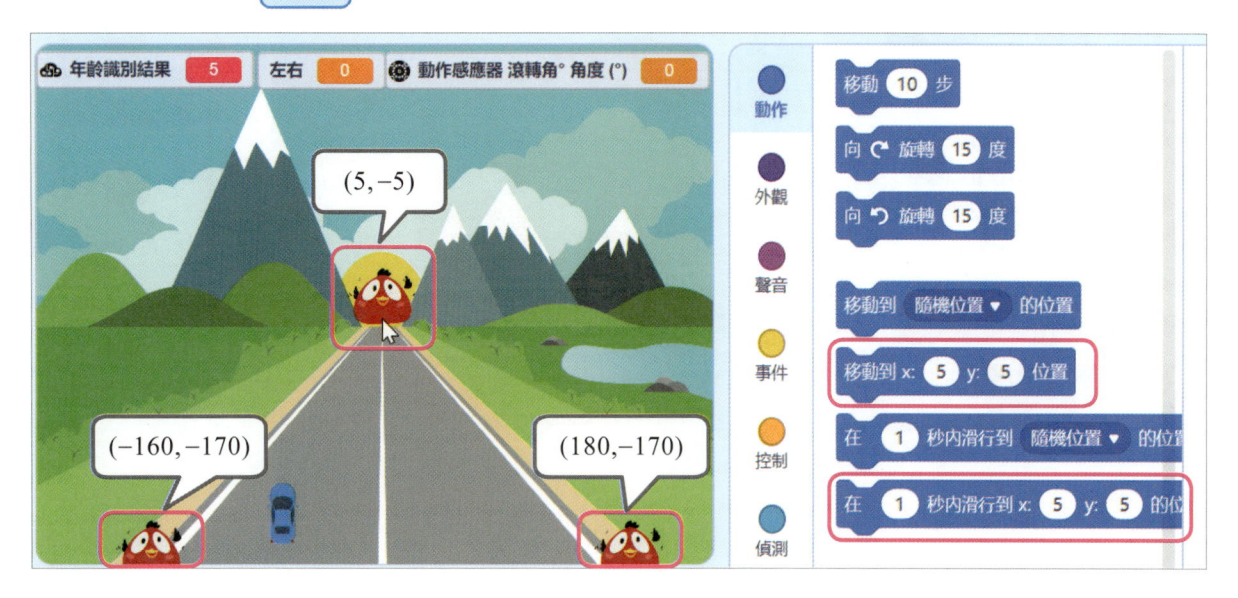

註： 移動角色在舞台的位置，動作積木中「移動」與「在 1 秒內滑行」的坐標隨著變化，小鳥的終點可能在高速公路的最左邊 (-160, -170) 或最右邊 (180, -170)。

Step 2 按 事件、控制、動作 與 運算，拖曳下圖積木，小鳥收到開始廣播之後，等待 1～3 秒，從高速公路起點位置、顯示，再往下移動，移到最下方隱藏。

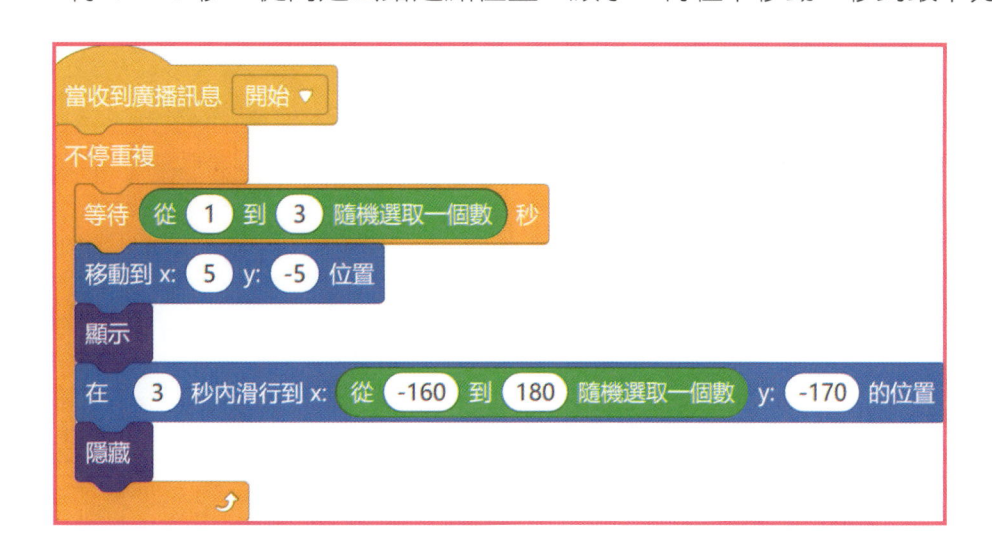

> **註** 小鳥程式設計完成，複製多隻小鳥，因此讓每隻小鳥都等待 1～3 秒，避免同時出現。

二 角色造型動畫

小鳥移動過程中，變換造型動畫。

按 ●事件、●控制 與 ●外觀，拖曳下圖積木，小鳥切換三種造型變化。

5-6 偵測碰到角色

如果賽車碰到小鳥，扣優良駕駛分數。

■ 偵測碰到角色

Step 1 按 變數，建立變數「優良駕駛」。

Step 2 按 事件、控制、偵測、變數 與 外觀，拖曳下圖積木，點擊綠旗，將優良駕駛設定為 100，如果碰到賽車，優良駕駛改變 -1，小鳥隱藏。

新增音效

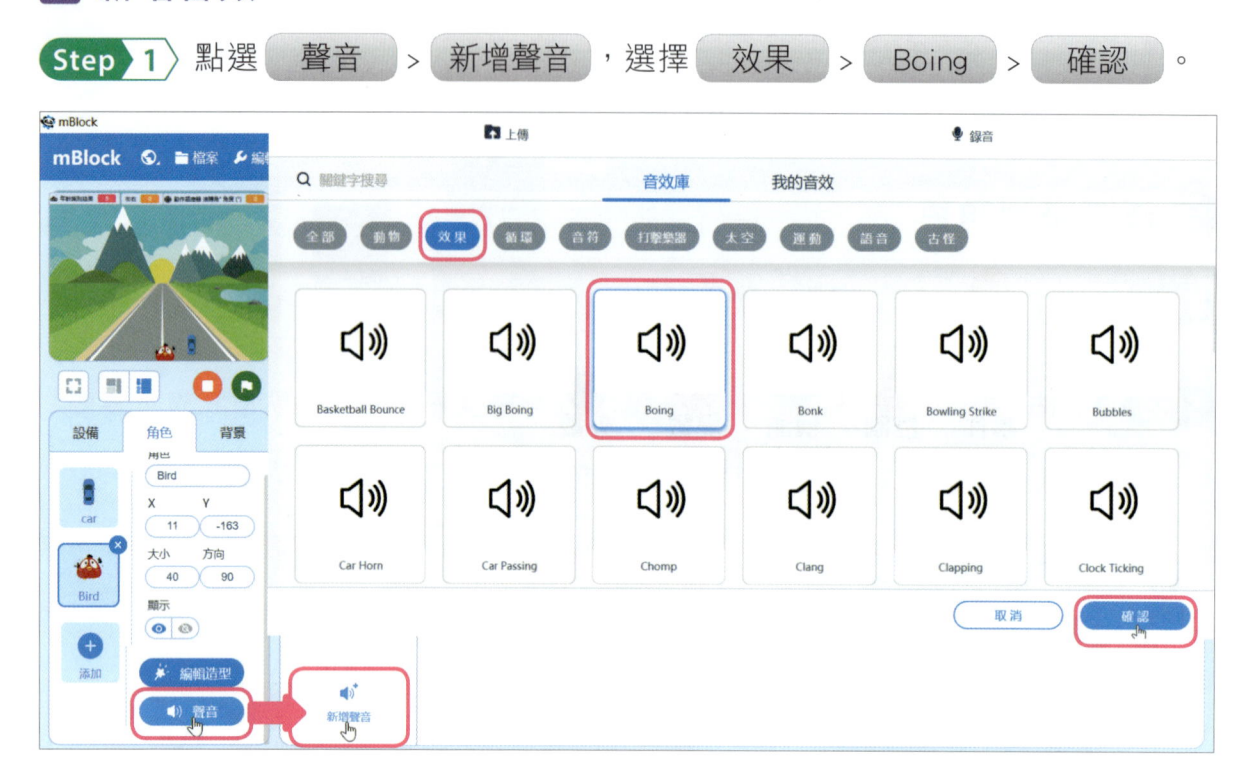

Step 1 點選 聲音 > 新增聲音，選擇 效果 > Boing > 確認 。

Step 2 按 ✕ ，回到程式區，按 聲音 ，點選 Boing ，再拖曳積木到「優良駕駛改變 -1」下方。當賽車碰到小鳥時播放聲音。

Chapter 5　Halocode 與 STEAM 應用：18 禁賽車

Step 3　在  小鳥按右鍵 複製 ，複製 2 隻小鳥，並調整小鳥的大小為「15」、「20」。

Step 4　點擊  ，再按空白鍵，檢查人臉年齡識別結果是否小於 18 歲，當賽車說出：「優良駕駛準備出發」時，將 Halocode 向左或向右傾斜，控制賽車左右移動。當賽車碰到小鳥時檢查優良駕駛是否扣分。

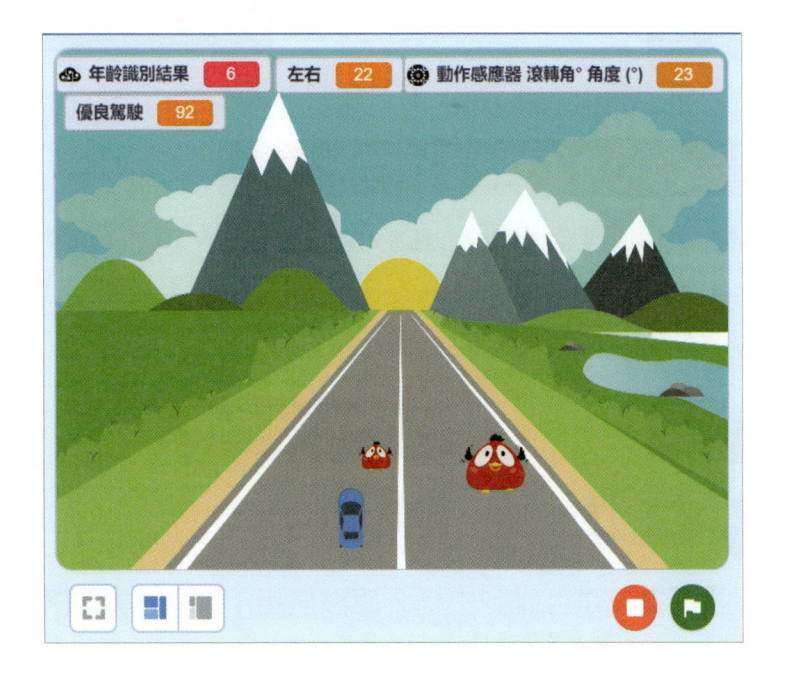

Chapter 5　課後練習

一、單選題

_____ 1. 如果想利用 Halocode 控制角色在舞台左右移動，會使用到右圖哪一個感測器？

(A) A

(B) B

(C) C

(D) D。

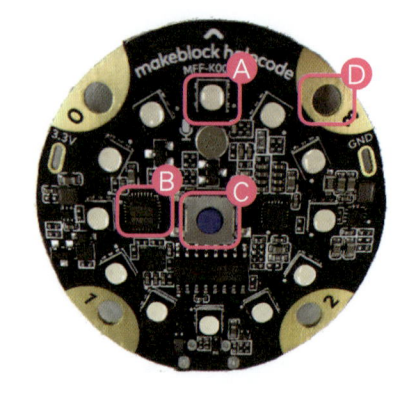

_____ 2. 如果想利用動作感測器，傳回 Halocode 前後傾斜或左右傾斜角度的數值，應該使用下列哪一個積木？

(A) 動作感應器 傾仰角° ▼ 角度 (°)

(B) 光環板被搖晃?

(C) 搖晃力道

(D) 動作感應器 x ▼ 軸加速度(m/s²)。

_____ 3. 如果想設計舞台的多個背景連續切換，應該使用下列哪一個積木？

(A) 造型切換為 costume1 ▼

(B) 下一個造型

(C) 下一個背景

(D) 移到第 移到最上層 ▼ 層。

_____ 4. 下圖積木中，如果 Halocode 向左傾斜滾轉角的角度為何？

變數 左右 ▼ 設為 動作感應器 滾轉角° ▼ 角度 (°)

(A) 正數　(B) 負數　(C) 0　(D) 以上皆是。

_____ 5. 右圖角色有三個造型，應該使用下列哪一個積木讓角色播放移動的動畫？

(A) 下一個背景

(B) 背景切換為 backdrop1 ▼

(C) 將大小改變 10

(D) 下一個造型。

_____ 6. 如果想設計賽車是否碰到小鳥，應該使用下列哪一類積木？

(A) 事件　(B) 控制　(C) 偵測　(D) 變數。

_____ 7. 關於右圖積木功能的敘述何者<u>不正確</u>？
   (A) 程式開始將優良駕駛設為 100
   (B) 角色碰到 car（汽車）扣優良駕駛 1 分
   (C) 角色先播放音效再隱藏
   (D) 優良駕駛的分數固定不會改變。

_____ 8. 下圖積木的敘述何者<u>錯誤</u>？

   (A) 按空白鍵，2 秒內辨識人臉年齡
   (B) 判斷人臉年齡是否小於 18 歲
   (C) 〔年齡識別結果〕積木，用來判斷年齡
   (D) 需要安裝視訊攝影機掃描人臉。

_____ 9. 如果想設計角色移動，應該使用下列哪一類積木？
   (A) 事件　(B) 動作　(C) 聲音　(D) 控制。

_____ 10. 關於賽車右圖積木的敘述何者<u>錯誤</u>？
   (A) 點擊綠旗開始執行程式
   (B) 賽車執行的動作可能往左、往右或面向右
   (C) 如果「左右」變數介於 –20 ～ 20 之間賽車會面朝 90 度
   (D) 當「左右」變數小於 –20，賽車往左旋轉並移動。

二、實作題

1. 請點選角色的 聲音，利用 播放聲音 meow 播放聲音積木，讓賽車往左或往右移動時播放音效。

2. 利用設備的「人工智慧」積木，以語音辨識啟動程式執行。當玩家說：「開始」時，廣播開始。

Chapter 6 Halocode 與無線網路：Halocode 遙控 Halocode

6-1 「Halocode 遙控 Halocode」專題規劃
6-2 Halocode 連接無線網路
6-3 語音識別與雲訊息
6-4 Halocode 接收雲訊息

本章學習目標

1. 能夠應用 Halocode 連接無線網路（WiFi）。
2. 能夠應用 Halocode 辨識語音。
3. 能夠應用 Halocode 發送雲訊息給其他 Halocode。
4. 能夠應用 Halocode 遙控其他 Halocode。

說「彩虹」
發送端

接收「彩虹」
點亮 LED
接收端

本章利用 Halocode 連接無線網路（WiFi），無線遙控其他 Halocode。

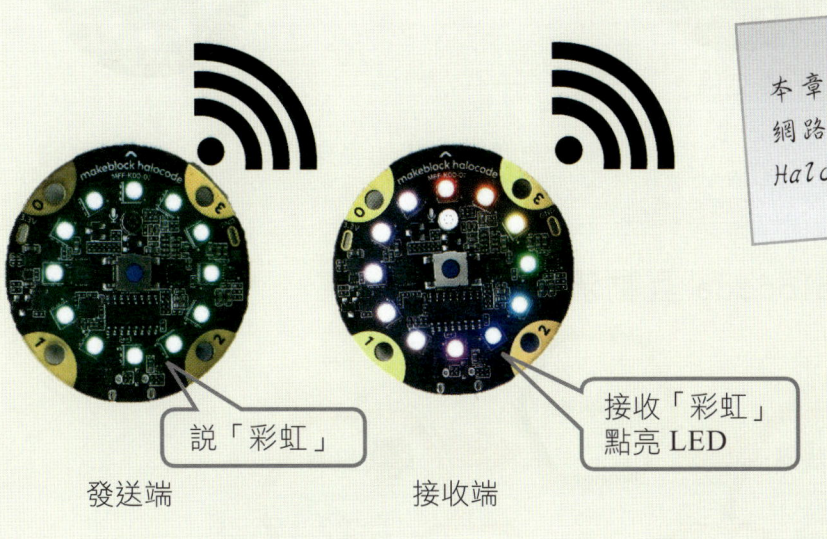

6-1 「Halocode 遙控 Halocode」專題規劃

本章將設計 Halocode 遙控其他 Halocode。

當按下 Halocode 按鈕時，Halocode 利用內建的無線網路連接網路，再到雲端進行語音識別。語音識別成功之後發送雲訊息給其他 Halocode 接收，點亮另一個 Halocode 的 LED。

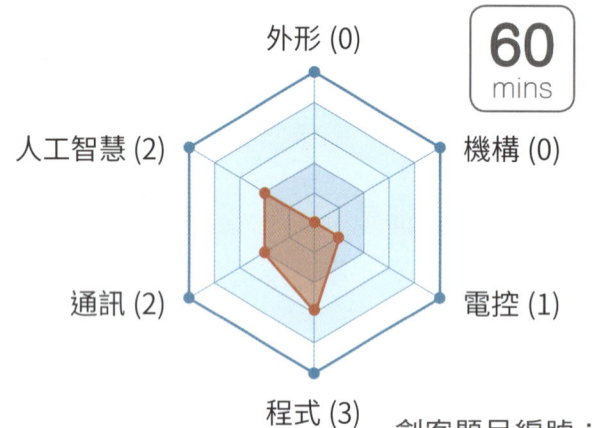

60 mins

創客指標

外形	0
機構	0
電控	1
程式	3
通訊	2
人工智慧	2
創客總數	8

創客題目編號：A027015

一、「Halocode 遙控 Halocode」專題規劃

設備（Halocode A） — WiFi 無線連網、麥克風

1. 當按下 Halocode 按鈕。
2. Halocode 連接無線網路。
3. 對著 Halocode 麥克風說話，進行語音識別。

無線網路雲訊息

設備（Halocode B）

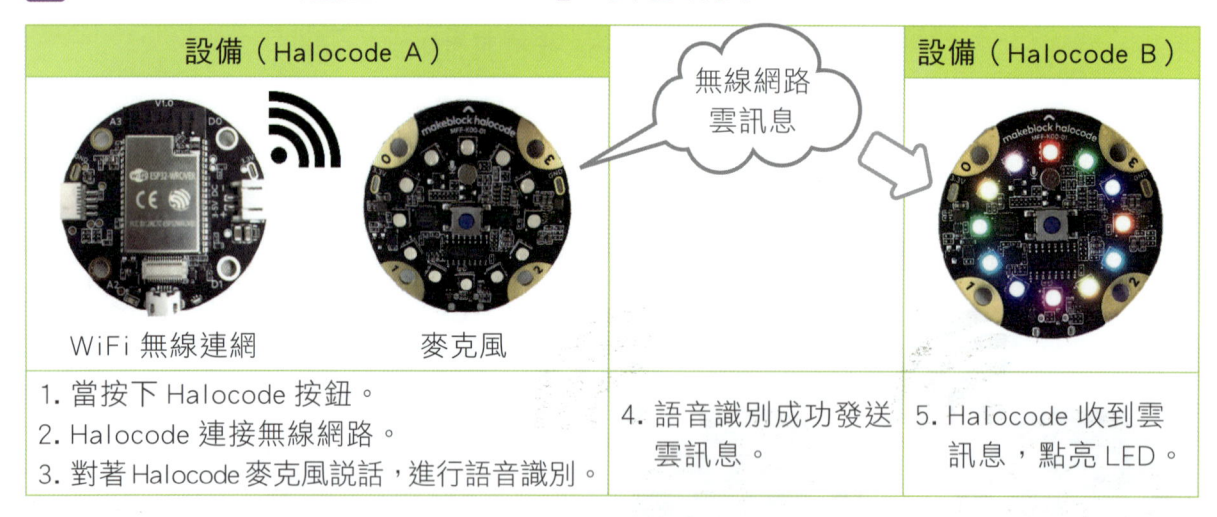

4. 語音識別成功發送雲訊息。
5. Halocode 收到雲訊息，點亮 LED。

二、Halocode 遙控 Halocode 互動流程

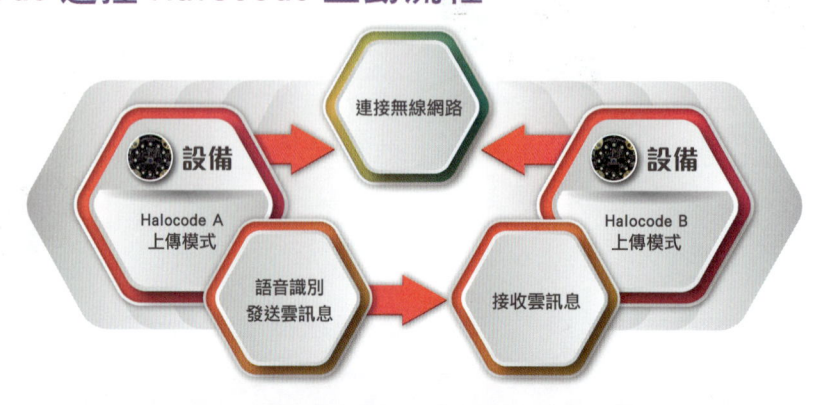

Halocode A 上傳模式 → 連接無線網路 ← Halocode B 上傳模式
語音識別發送雲訊息 → 接收雲訊息

三 無線網路

Halocode 的 ESP32 處理器內建無線網路，能夠連接無線網路。

四 無線網路積木

1 連接無線網路

Halocode 元件	積木類別	積木與功能	
無線網路	Wi-Fi	連接到 wi-fi ssid 密碼 password	輸入無線網路 wi-fi 的帳號（ssid）與密碼（password），連接無線網路。
		無線網路連接？	判斷是否連接無線網路，true（真）：已經連接、false（假）：未連接。

註：雲訊息功能，需要連接無線網路或使用手機的個人熱點。查詢網路帳號的方法，點擊螢幕右下方 📶，顯示所有的無線網路帳號。

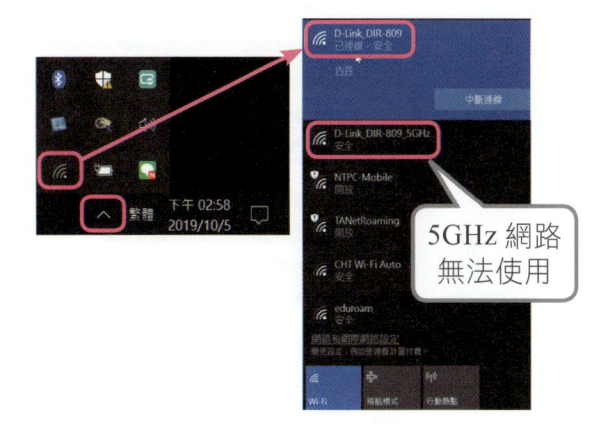

5GHz 網路無法使用

小試身手 1　檢查無線網路環境

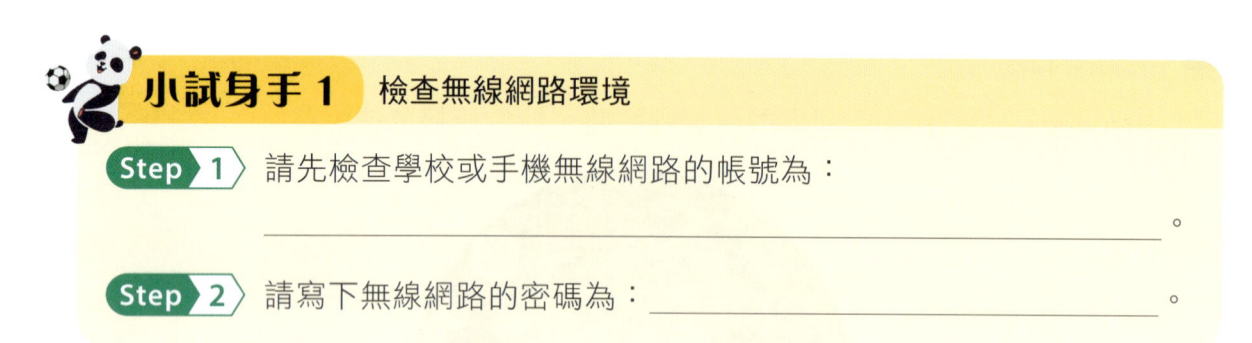

Step 1　請先檢查學校或手機無線網路的帳號為：_____。

Step 2　請寫下無線網路的密碼為：_____。

> 註
> 1. 無線網路的帳號與密碼，大小寫或符號格式必須完全相同。
> 2. 無線網路無法使用 5G。

小試身手 2　連接無線網路

Step 1　將 Halocode 的 Micro USB 序列埠與電腦的 USB 連接，開啟 mBlock 5。

Step 2　在「設備」按 `添加`，點選 `Halocode`，再按 `確認`。

Step 3　按 `連接`，將電腦連接 Halocode，並設定為 `上傳` 上傳模式。

Step 4　點選 `事件` 與 `控制`，拖曳下圖積木，重複連接無線網路，直到連接無線網路。

Step 5　按 `Wi-Fi`，拖曳 `無線網路連接?`，判斷是否連接無線網路。

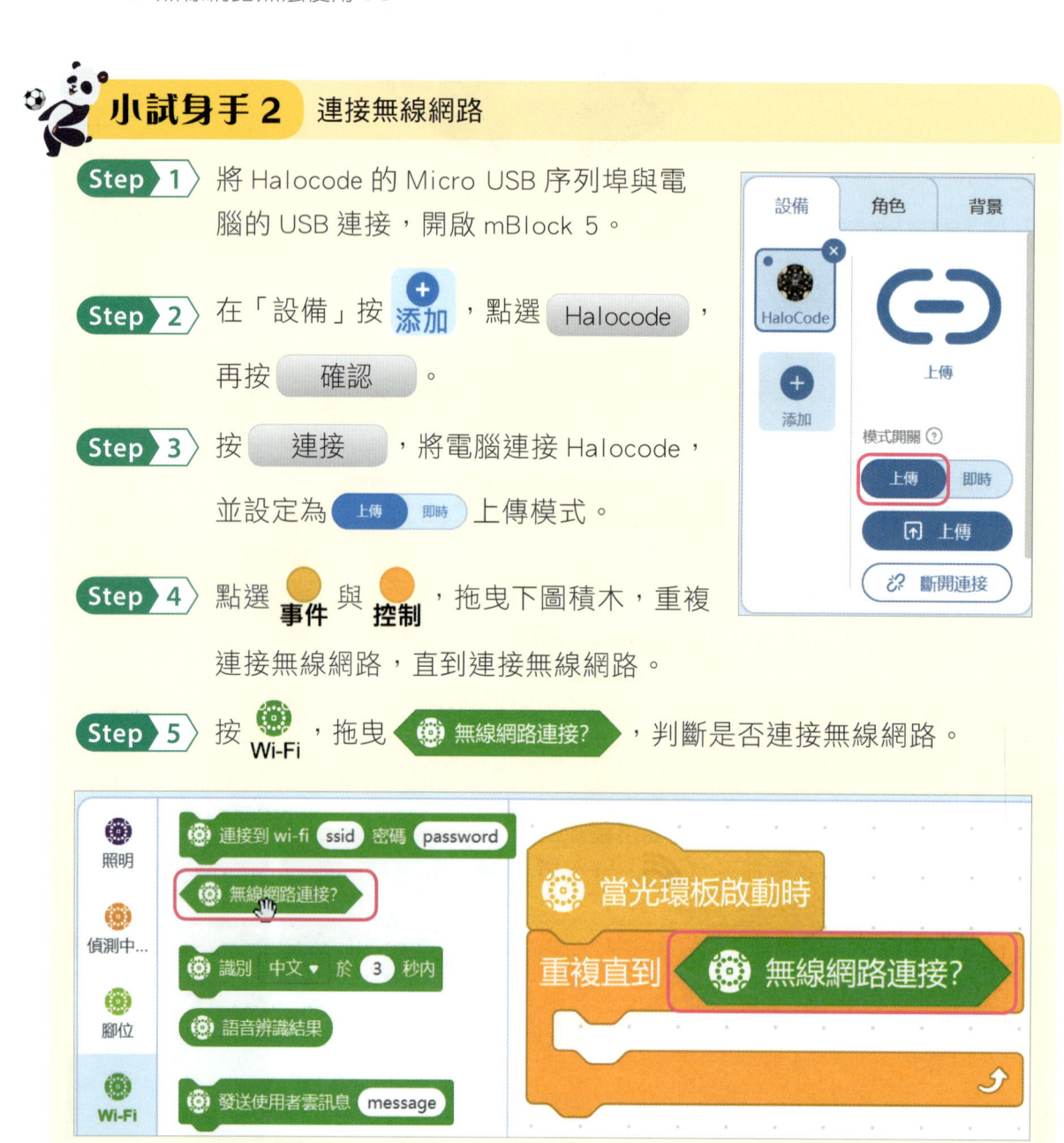

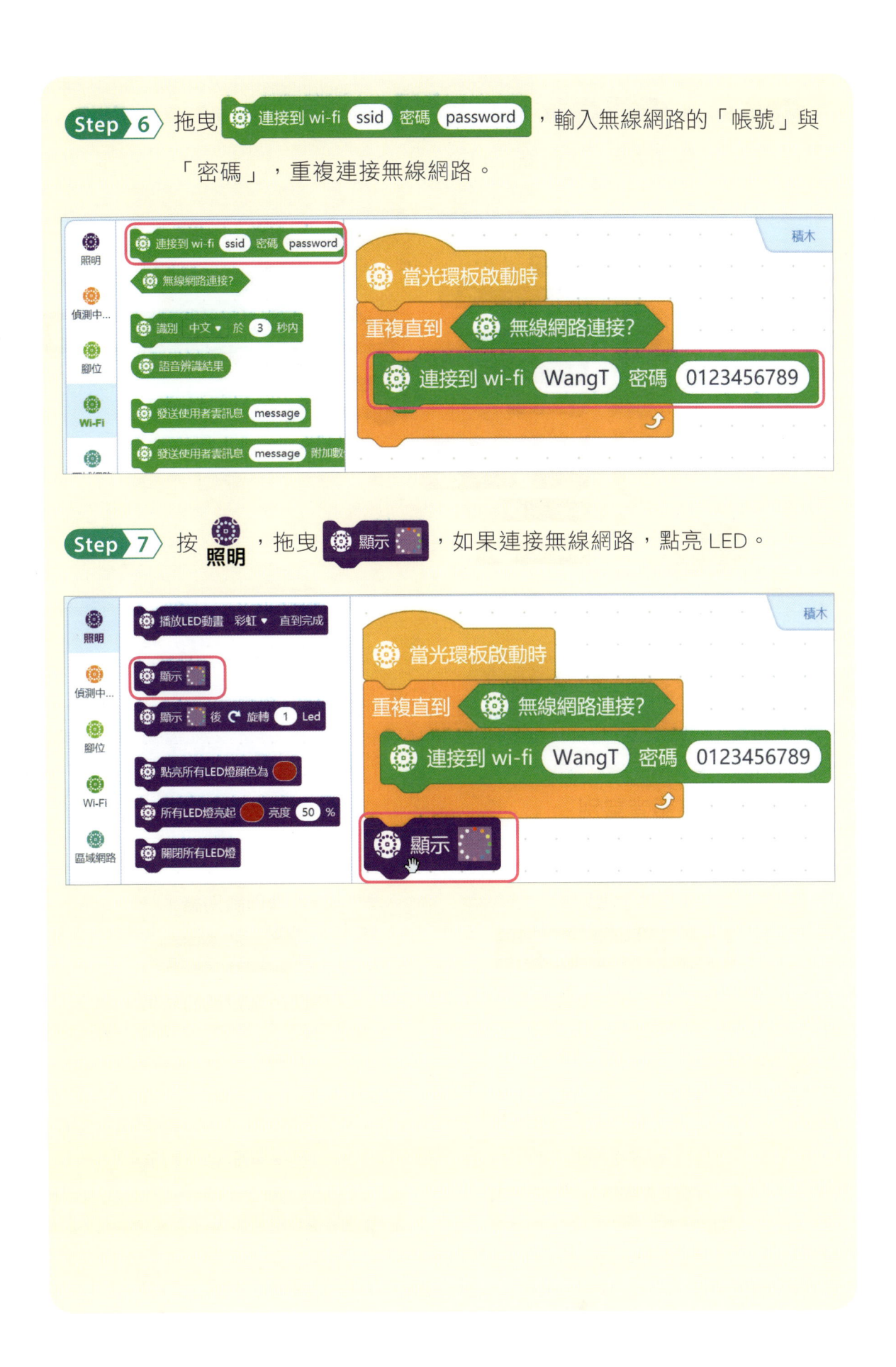

Chapter 6　Halocode 與無線網路：Halocode 遙控 Halocode

Step 6　拖曳 連接到 wi-fi ssid 密碼 password ，輸入無線網路的「帳號」與「密碼」，重複連接無線網路。

Step 7　按 照明，拖曳 顯示 ，如果連接無線網路，點亮 LED。

117

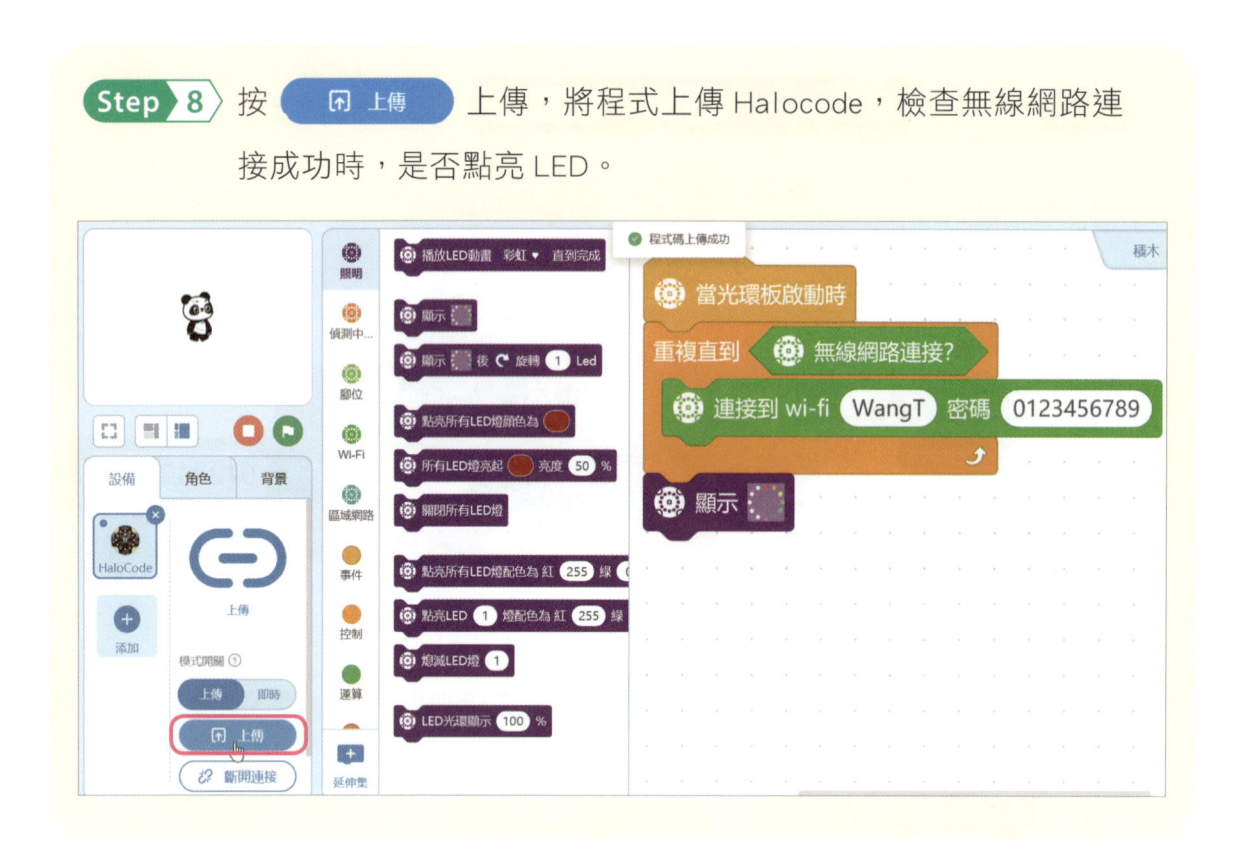

Step 8 按 [上傳] 上傳，將程式上傳 Halocode，檢查無線網路連接成功時，是否點亮 LED。

> **註**
> 1. 無線網路必須開啟「上傳模式」，將程式上傳到 Halocode 才能夠執行。
> 2. 在「ssid」輸入無線網路的「帳號」。
> 3. 在「password」輸入無線網路的「密碼」。

2 無線網路語音識別

Halocode 連接無線網路之後，能夠利用網路辨識中文或英文語音。

語音識別	傳回識別結果
識別 中文 於 3 秒內	語音辨識結果
識別中文或英文語音。	傳回語音辨識的結果。

3 發送端

發送端的 Halocode 連接無線網路之後，發送雲訊息。

發送雲訊息	發送雲訊息與數值
發送使用者雲訊息 message	發送使用者雲訊息 message 附加數值 1
發送使用者雲訊息。	發送使用者雲訊息與數值。

Chapter 6　Halocode 與無線網路：Halocode 遙控 Halocode

小試身手 3　A 無線網路發送雲訊息關閉 B 的 LED

請兩人一組，A 的 Halocode 為發送端；B 的 Halocode 為接收端。A 的發送端程式如下：

Step 1　請拖曳 Halocode 連接無線網路積木。

Step 2　按 事件 與 Wi-Fi，拖曳 當接點 0 被觸摸 與 發送使用者雲訊息 message，連接無線網路之後，觸摸 0 發送雲訊息。

Step 3　按 上傳 上傳，將程式上傳 Halocode。

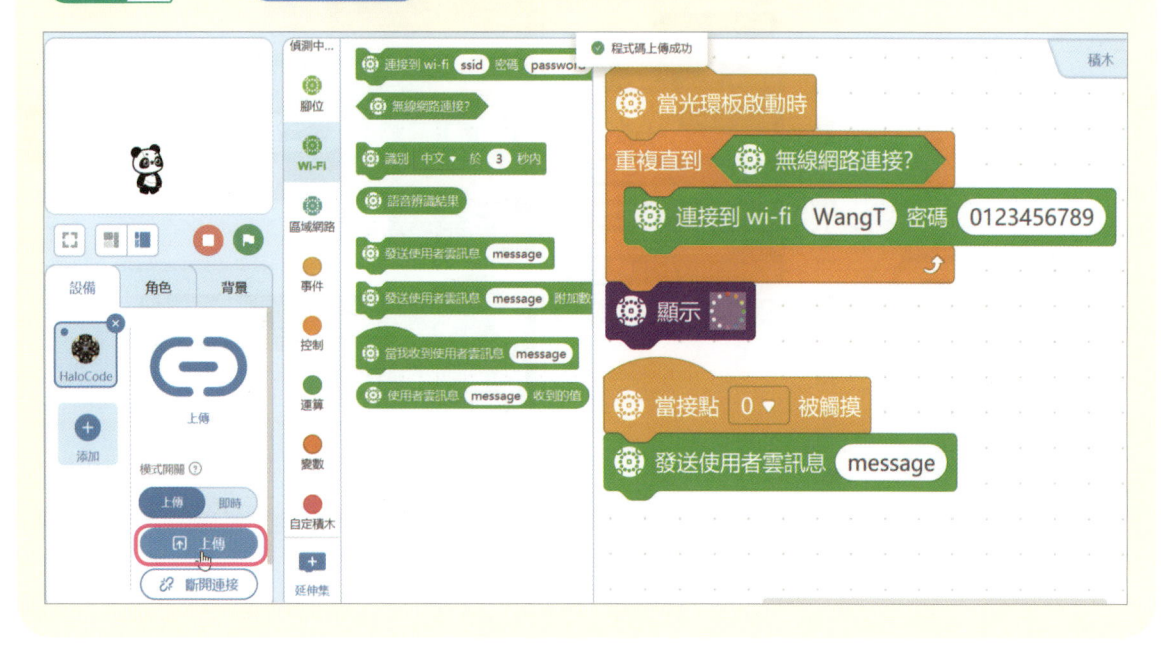

119

4 接收端

接收端的 Halocode 連接無線網路之後，接收雲訊息。

收到雲訊息開始執行	傳回收到雲訊息
當我收到使用者雲訊息 message	使用者雲訊息 message 收到的值
當接收到使用者雲訊息時，開始執行程式。	傳回接收到使用者雲訊息的值。

小試身手 4　B 無線網路接收雲訊息

請兩人一組，A 的 Halocode 為發送端；B 的 Halocode 為接收端。B 的接收端程式如下：

Step 1 請拖曳 Halocode 連接無線網路積木。

Step 2 按 Wi-Fi，拖曳 當我收到使用者雲訊息 message。

Step 3 按 照明，拖曳 關閉所有LED燈，當收到雲訊息時，關閉 LED。

Step 4 按 上傳 上傳，將程式上傳 Halocode，檢查接收端的 Halocode，收到雲訊息時，是否關閉 LED。

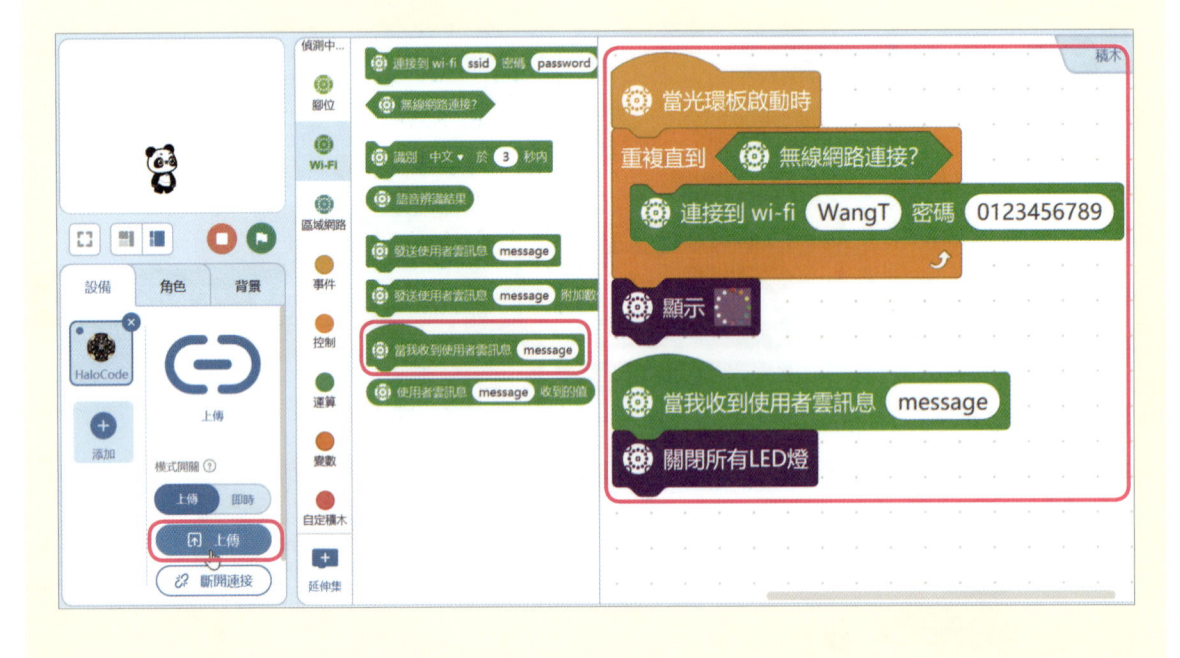

Step 5 兩人一組，A 的 Halocode 發送雲訊息給 B 的 Halocode 接收。

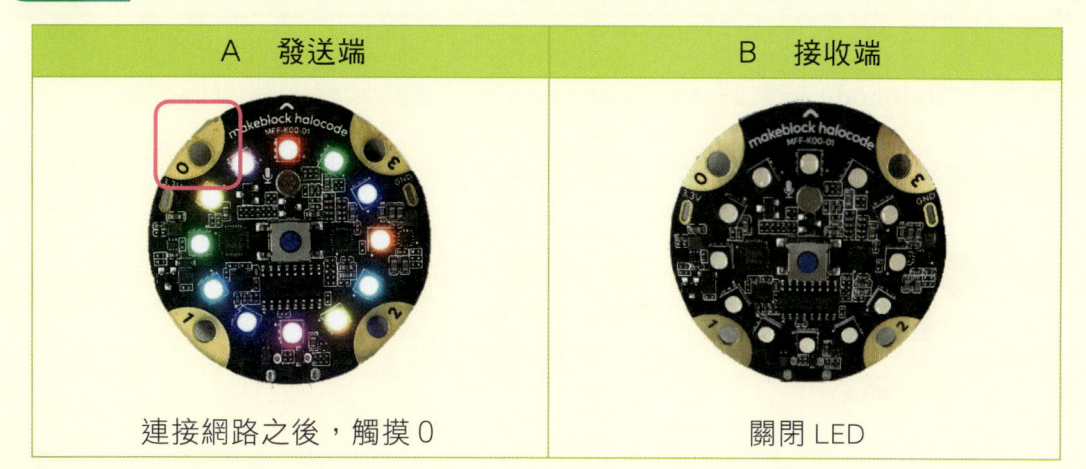

A　發送端	B　接收端
連接網路之後，觸摸 0	關閉 LED

註 A 與 B 必須同時連接無線網路，才能發送或接收雲訊息。

6-2　Halocode 連接無線網路

當按下 Halocode 按鈕時，Halocode 利用內建的無線網路連接網路。

一 連接無線網路

按 Halocode，點選 事件 與 Wi-Fi，拖曳下圖積木，當按下 Halocode 的按鈕，連接無線網路。

二 判斷是否連接無線網路

按下 Halocode 按鈕時，LED 亮紅燈，等待直到連接無線網路，LED 亮綠燈。

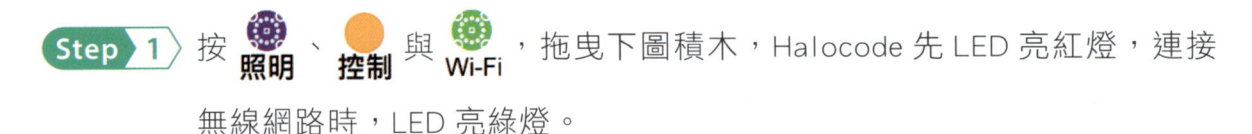

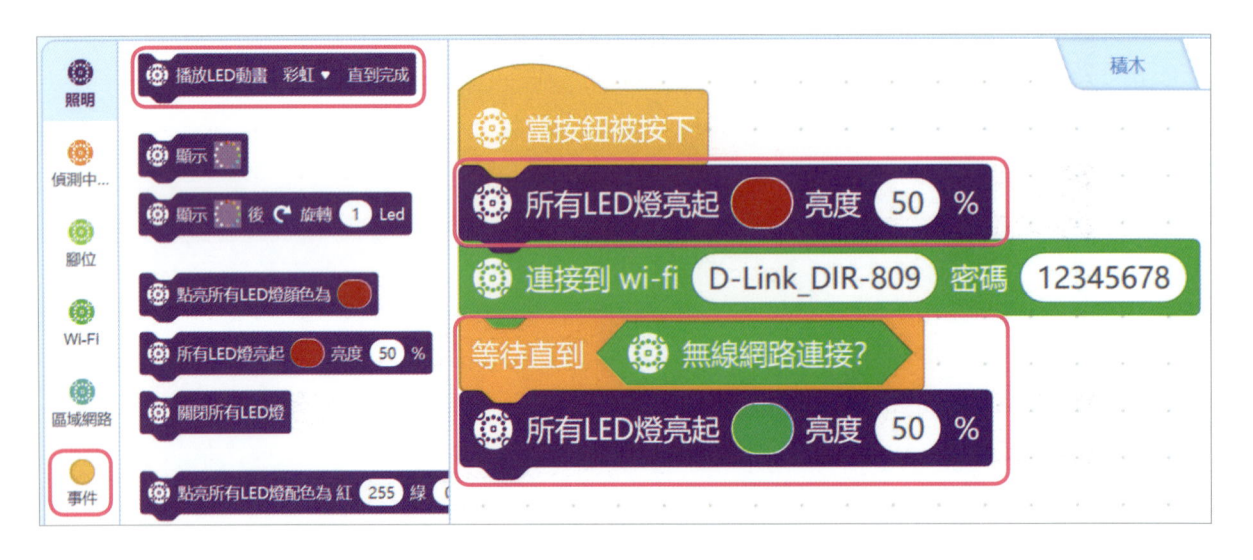

Step 1 按 照明、控制 與 Wi-Fi，拖曳下圖積木，Halocode 先 LED 亮紅燈，連接無線網路時，LED 亮綠燈。

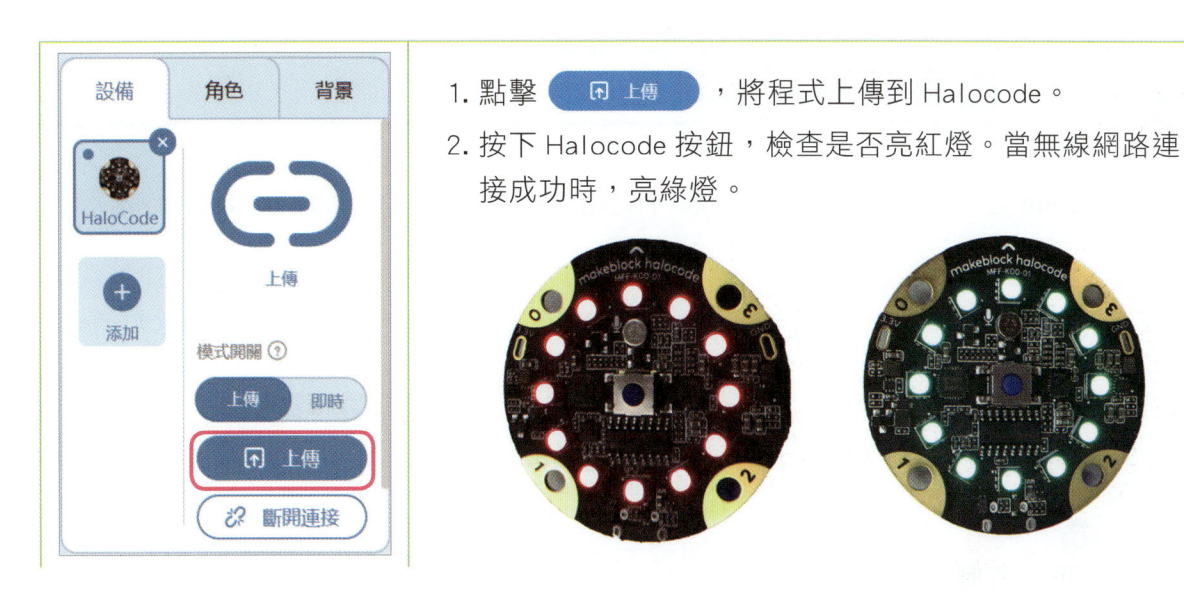

Chapter 6　Halocode 與無線網路：Halocode 遙控 Halocode

1. 點擊 ⬆上傳 ，將程式上傳到 Halocode。
2. 按下 Halocode 按鈕，檢查是否亮紅燈。當無線網路連接成功時，亮綠燈。

註　開啟「上傳模式」時，必須將程式上傳到 Halocode 才能執行結果。

123

6-3 語音識別與雲訊息

Halocode 連接無線網路之後，進行網路語音識別。語音識別成功，發送雲訊息。

一 語音識別

Halocode 連接無線網路之後，能夠以無線網路連接雲端的資料庫，進行中文或英文語音識別。

按 照明、控制 與 Wi-Fi，拖曳下圖積木，進行語音識別，並亮藍色 LED。

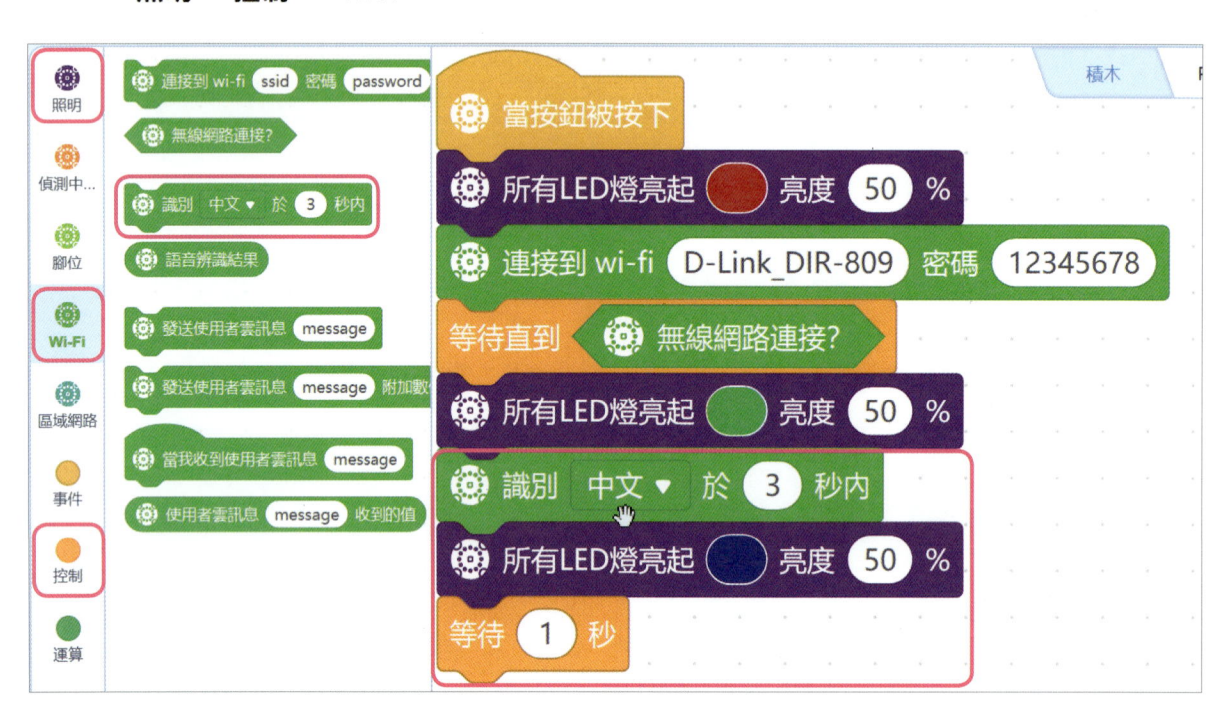

二 判斷語音識別結果

Step 1 按 控制、運算、照明 與 Wi-Fi 拖曳下圖積木，如果語音識別結果包含「彩虹」，那麼點亮彩色 LED，否則語音識別不包含「彩虹」，點亮紅色 LED。

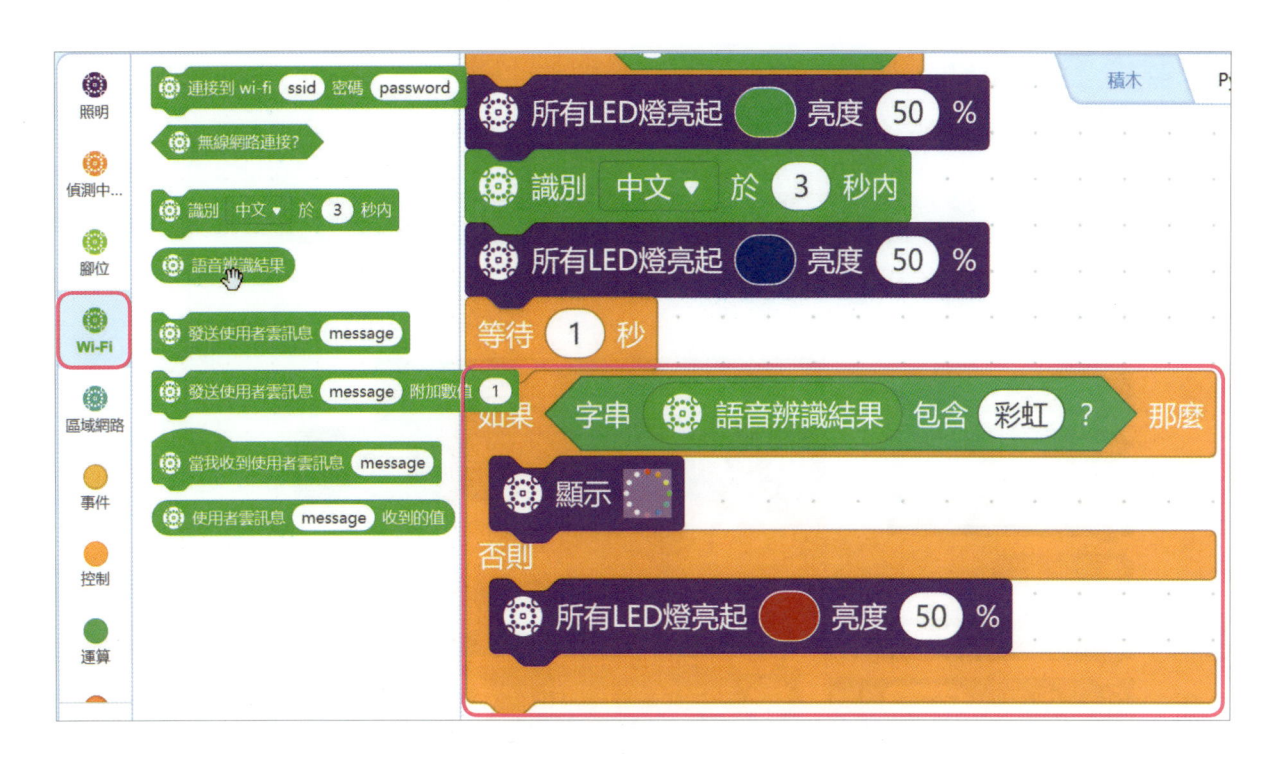

Chapter 6　Halocode 與無線網路：Halocode 遙控 Halocode

Step 2　點擊 [上傳]，將程式上傳到 Halocode。

Step 3　按下 Halocode 按鈕，檢查是否亮紅燈。當無線網路連接成功時，亮綠燈。

Step 4　對著 Halocode 麥克風說：「彩虹」，檢查 Halocode 顯示彩色 LED 或紅色 LED。

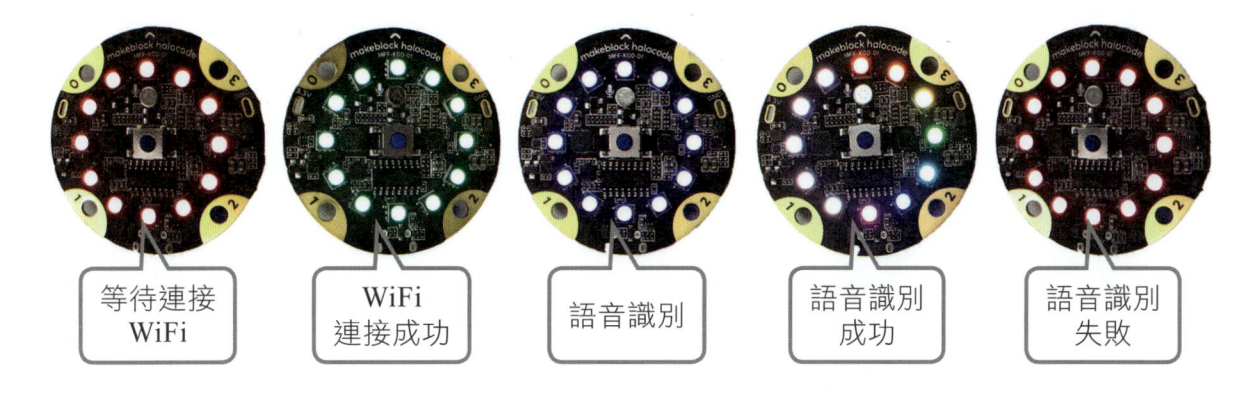

等待連接 WiFi　　WiFi 連接成功　　語音識別　　語音識別成功　　語音識別失敗

125

三 發送雲訊息

如果語音辨識成功，發送雲訊息給其他 Halocode 接收。

拖曳 發送使用者雲訊息 message 或 發送使用者雲訊息 message 附加數值 1 到如果～那麼的內層，發送使用者雲訊息「彩虹」。

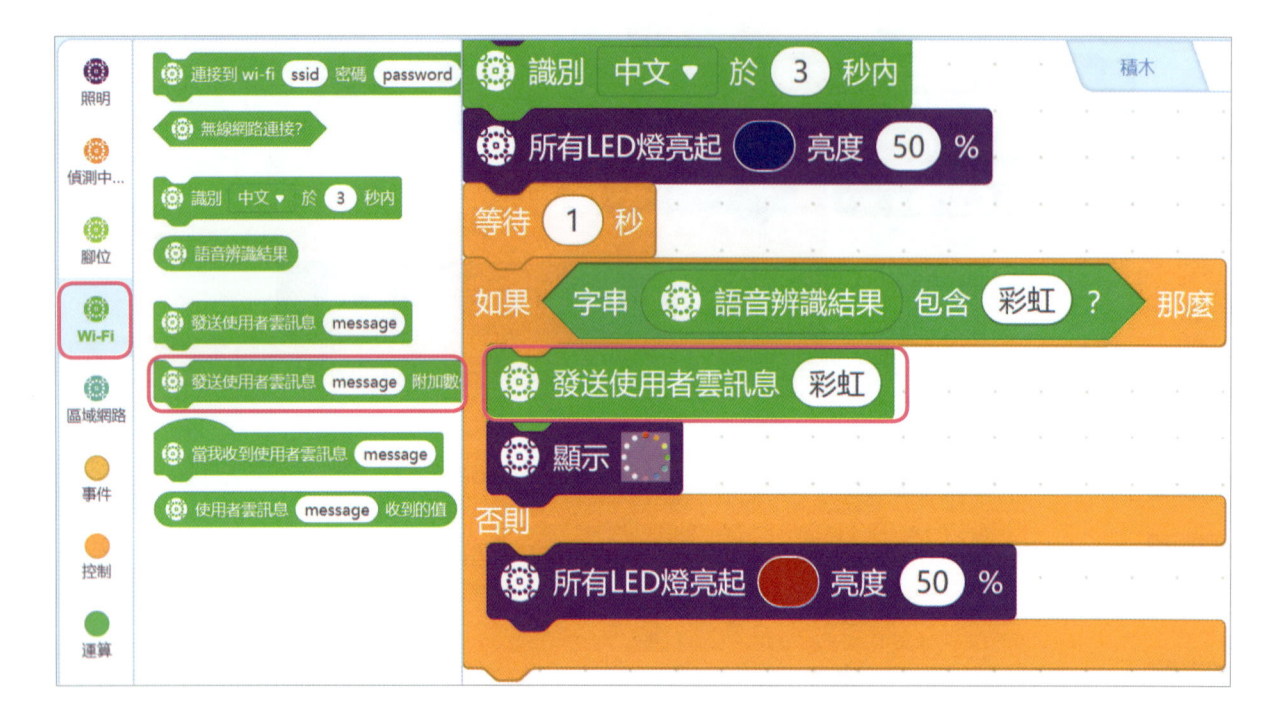

6-4 Halocode 接收雲訊息

其他 Halocode 接收雲訊息「彩虹」時，點亮 Halocode 的 LED。

Step 1 連接另一個接收訊息的 Halocode，開啟上傳模式。

Step 2 按 照明、控制 與 Wi-Fi，拖曳下圖積木，Halocode 先 LED 亮紅燈，連接無線網路時，LED 亮綠燈。

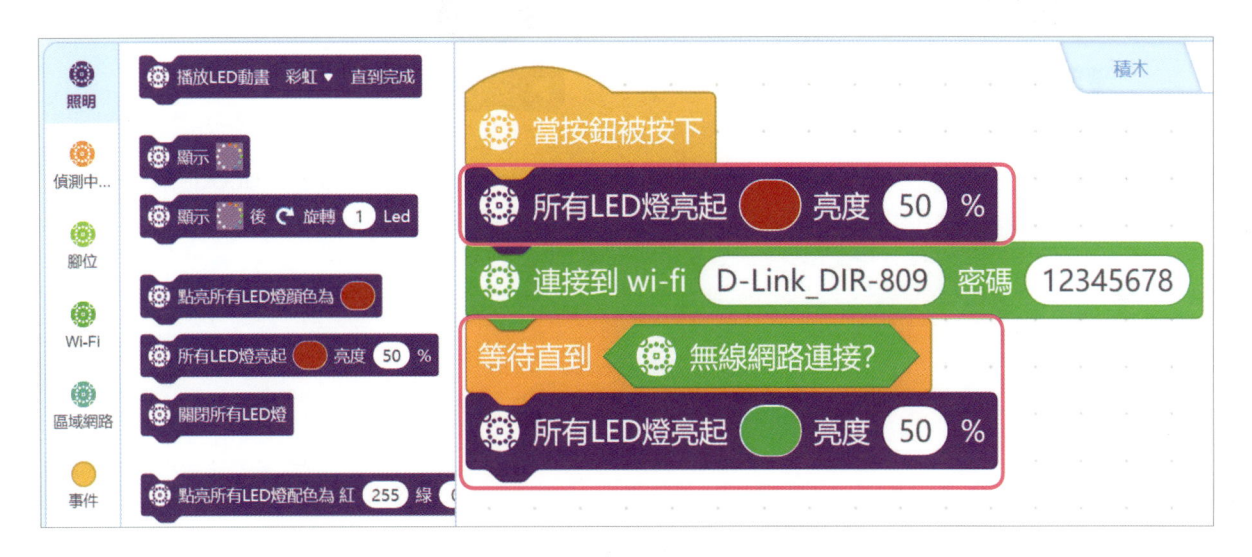

Step 3 點選 照明 與 Wi-Fi，拖曳下圖積木當接收到雲訊息時，顯示彩色 LED。

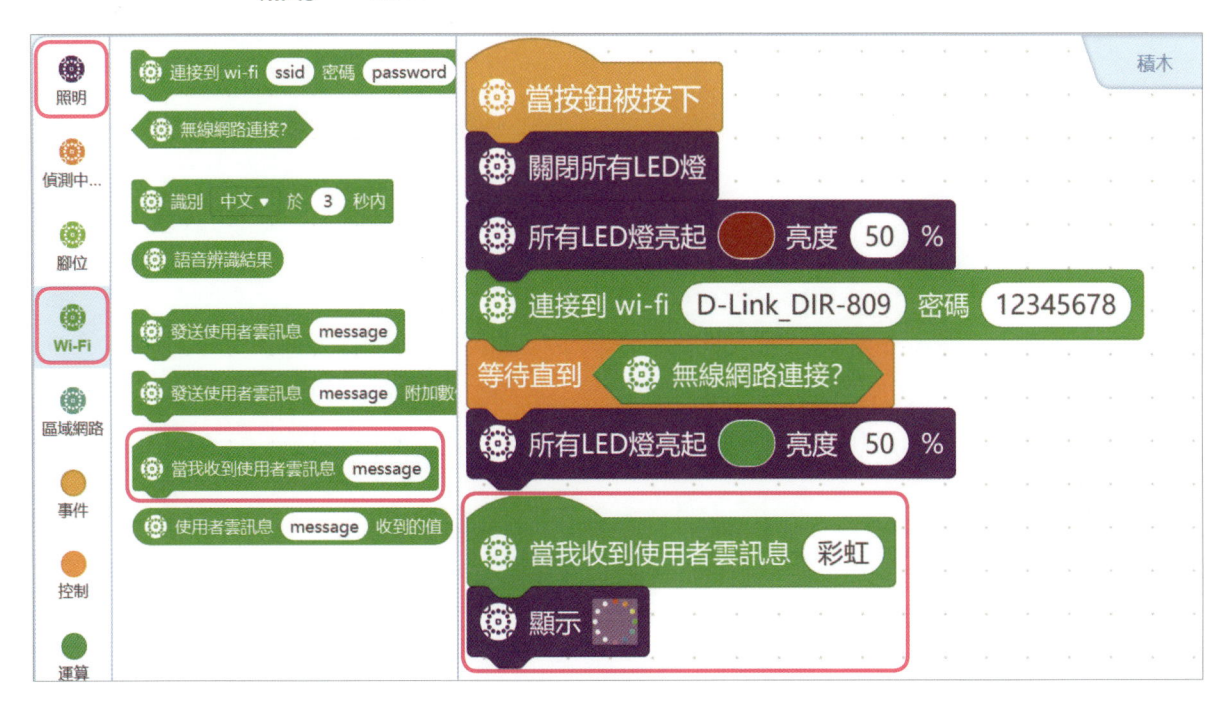

Step 4 點選 上傳 上傳，將程式上傳 Halocode。

Step 5 依照 6-4 節流程對著發送端 Halocode 說：「彩虹」，檢查接收端 Halocode 是否點亮 LED。

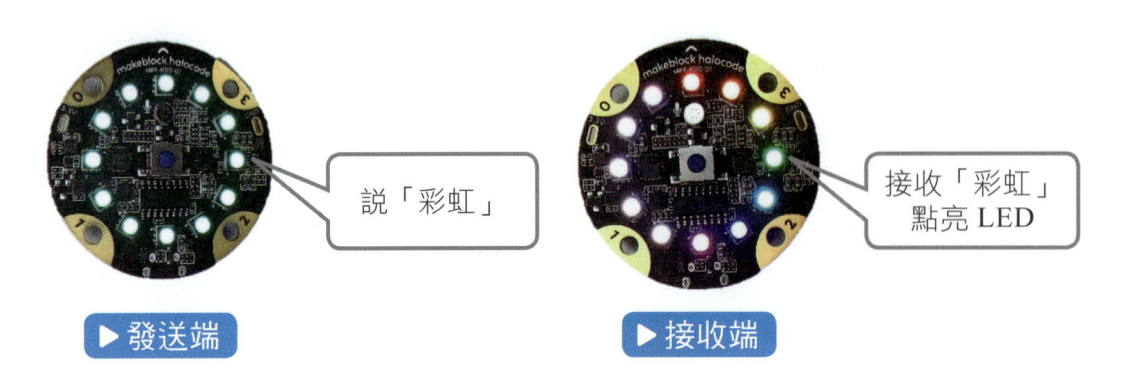

說「彩虹」

接收「彩虹」
點亮 LED

▶發送端　　　　　　　　　　▶接收端

Step 6 將接收端程式上傳到多個 Halocode，一個發送端的 Halocode 能夠同時遙控多個 Halocode。

Chapter 6　課後練習

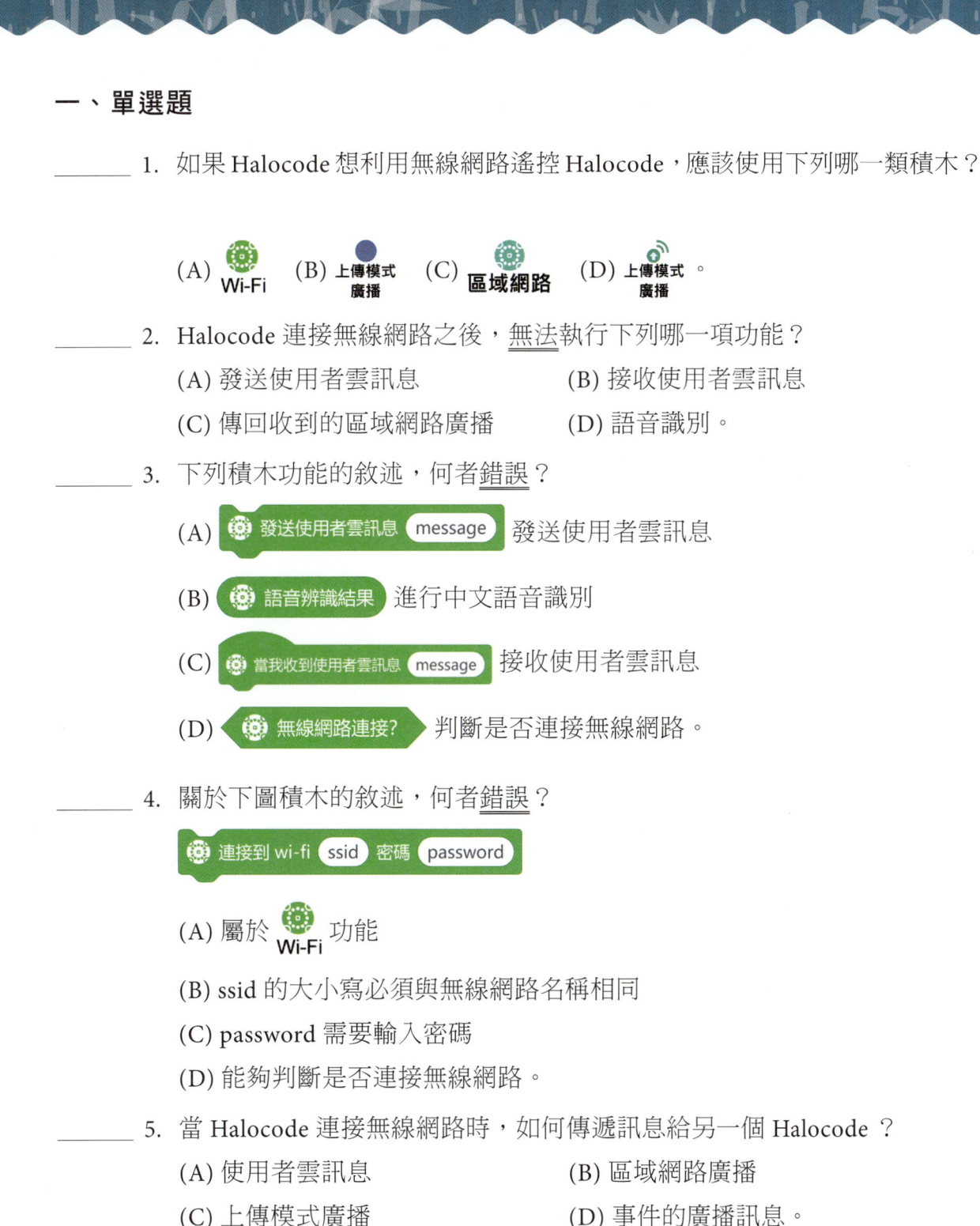

一、單選題

_____ 1. 如果 Halocode 想利用無線網路遙控 Halocode，應該使用下列哪一類積木？

(A) Wi-Fi　(B) 上傳模式廣播　(C) 區域網路　(D) 上傳模式廣播。

_____ 2. Halocode 連接無線網路之後，<u>無法</u>執行下列哪一項功能？
(A) 發送使用者雲訊息　　　　(B) 接收使用者雲訊息
(C) 傳回收到的區域網路廣播　(D) 語音識別。

_____ 3. 下列積木功能的敘述，何者<u>錯誤</u>？

(A) 發送使用者雲訊息 message　發送使用者雲訊息

(B) 語音辨識結果　進行中文語音識別

(C) 當我收到使用者雲訊息 message　接收使用者雲訊息

(D) 無線網路連接？　判斷是否連接無線網路。

_____ 4. 關於下圖積木的敘述，何者<u>錯誤</u>？

連接到 wi-fi ssid 密碼 password

(A) 屬於 Wi-Fi 功能
(B) ssid 的大小寫必須與無線網路名稱相同
(C) password 需要輸入密碼
(D) 能夠判斷是否連接無線網路。

_____ 5. 當 Halocode 連接無線網路時，如何傳遞訊息給另一個 Halocode？
(A) 使用者雲訊息　　　　(B) 區域網路廣播
(C) 上傳模式廣播　　　　(D) 事件的廣播訊息。

_____ 6. 右圖積木的敘述，何者錯誤？
(A) 連接無線網路時，亮綠燈
(B) 按下 Halocode 按鈕亮綠燈
(C) 等待直到無線網路連接成功才繼續執行程式
(D) 12345678 是無線網路的密碼。

_____ 7. 關於下列積木功能的敘述何者錯誤？

(A) Halocode 執行中文語音識別
(B) 語音識別後，LED 亮藍燈
(C) 語音識別成功 LED 才亮藍燈
(D) 利用無線網路執行語音識別。

_____ 8. 下圖積木敘述，何者錯誤？

(A) 語音識別結果包含彩虹，就發送使用者雲訊息彩虹
(B) 語音識別結果包含彩虹，顯示彩色 LED
(C) 語音識別結果不包含彩虹，顯示彩色 LED
(D) 語音識別成功，其他 Halocode 才會收到使用者雲訊息彩虹。

_____ 9. 下列何者可以接收 Halocode 發送的使用者雲訊息？

(A) 當我收到使用者雲訊息 message

(B) 使用者雲訊息 message 收到的值

(C) 發送使用者雲訊息 message 附加數值 1

(D) 連接到 wi-fi ssid 密碼 password 。

_____ 10. 下列哪一個積木無法讓 Halocode 開始執行程式？

(A) 當接點 0 被觸摸　　　(B) 廣播訊息 訊息1

(C) 當按鈕被按下　　　　(D) 當光環板啟動時 。

二、實作題

1. 請改寫程式，利用「英文語音識別」發送使用者雲訊息給其他 Halocode。

2. 請設計以手動方式（例如：觸摸 0 感測器或按下按鈕等）啟動接收端的 Halocode 連接無線網路。

用主題範例學運算思維與程式設計

7 Chapter

Halocode 與物聯網：語音播氣象

7-1 「語音播氣象」專題規劃
7-2 Halocode 連接無線網路
7-3 語音識別與上傳模式廣播
7-4 角色接收上傳模式訊息

本章學習目標

1. 能夠應用 Halocode 連接無線網路（WiFi）。
2. 能夠應用 Halocode 辨識語音。
3. 能夠應用 Halocode 廣播訊息給角色。
4. 能夠應用文字轉語音，讓角色以語音播報氣象。

▲ WiFi 無線連網

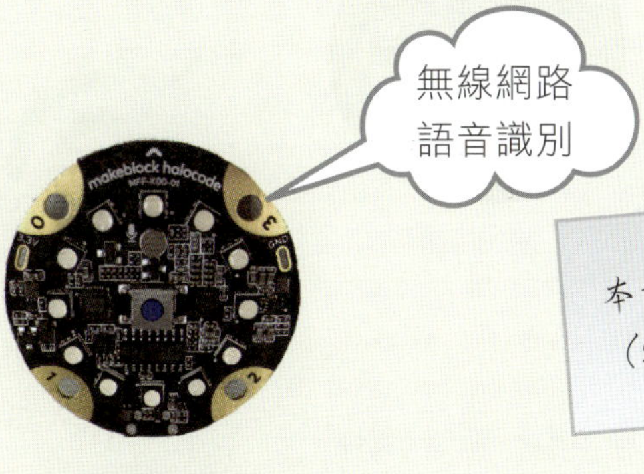

▲ 麥克風

無線網路
語音識別

本章將 Halocode 應用在物聯網（IOT）設計語音播氣象。

台北最高溫度 28

7-1 「語音播氣象」專題規劃

本章將利用物聯網（IOT）與 Halocode 內建的無線網路，設計語音播氣象。

當按下 Halocode 按鈕時，Halocode 利用內建的無線網路連接網路，再到雲端進行語音識別。語音識別成功之後發送訊息給角色，讓角色以電腦喇叭語音播放氣象。

60 mins

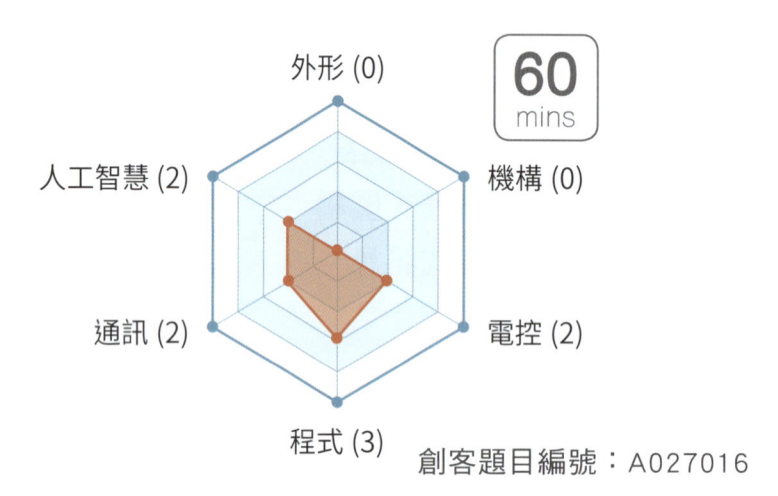

創客題目編號：A027016

創客指標

外形	0
機構	0
電控	2
程式	3
通訊	2
人工智慧	2
創客總數	9

一、「語音播氣象」專題規劃

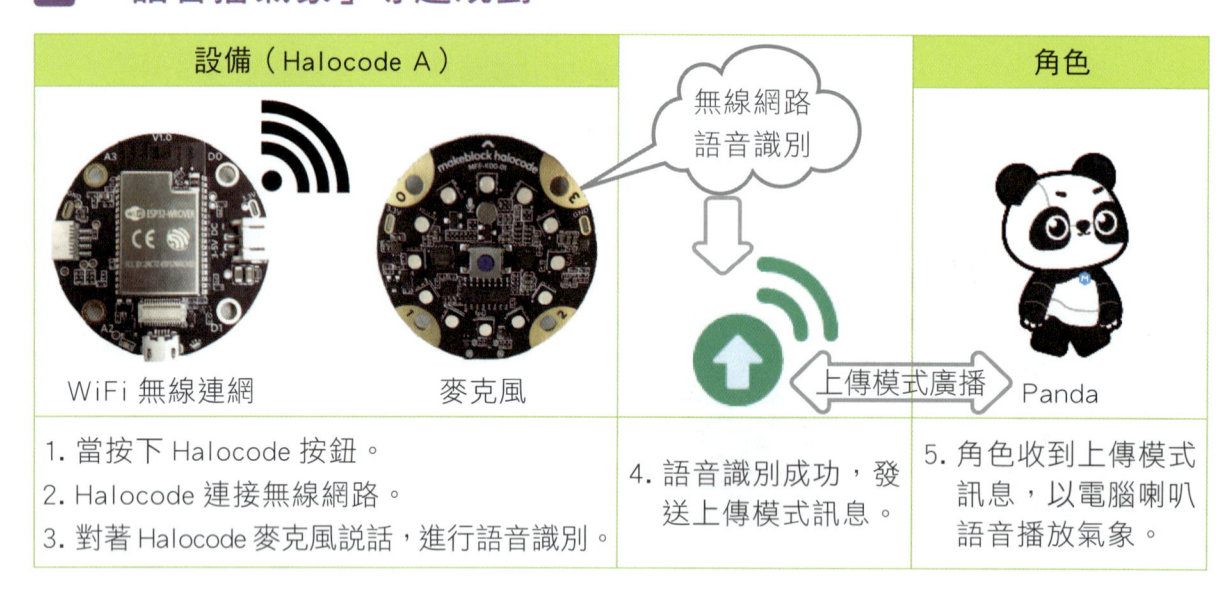

設備（Halocode A）			角色
WiFi 無線連網	麥克風	無線網路 語音識別 / 上傳模式廣播	Panda

1. 當按下 Halocode 按鈕。
2. Halocode 連接無線網路。
3. 對著 Halocode 麥克風說話，進行語音識別。
4. 語音識別成功，發送上傳模式訊息。
5. 角色收到上傳模式訊息，以電腦喇叭語音播放氣象。

二、上傳模式廣播

Halocode 在 Wi-Fi 連接之後，角色並沒有 Wi-Fi 連接的功能積木，同時 Halocode 開啟上傳模式時，無法傳遞即時的連線訊息給角色。因此，Halocode 在上傳模式時，僅能以  上傳模式廣播 上傳模式廣播訊息給角色接收。

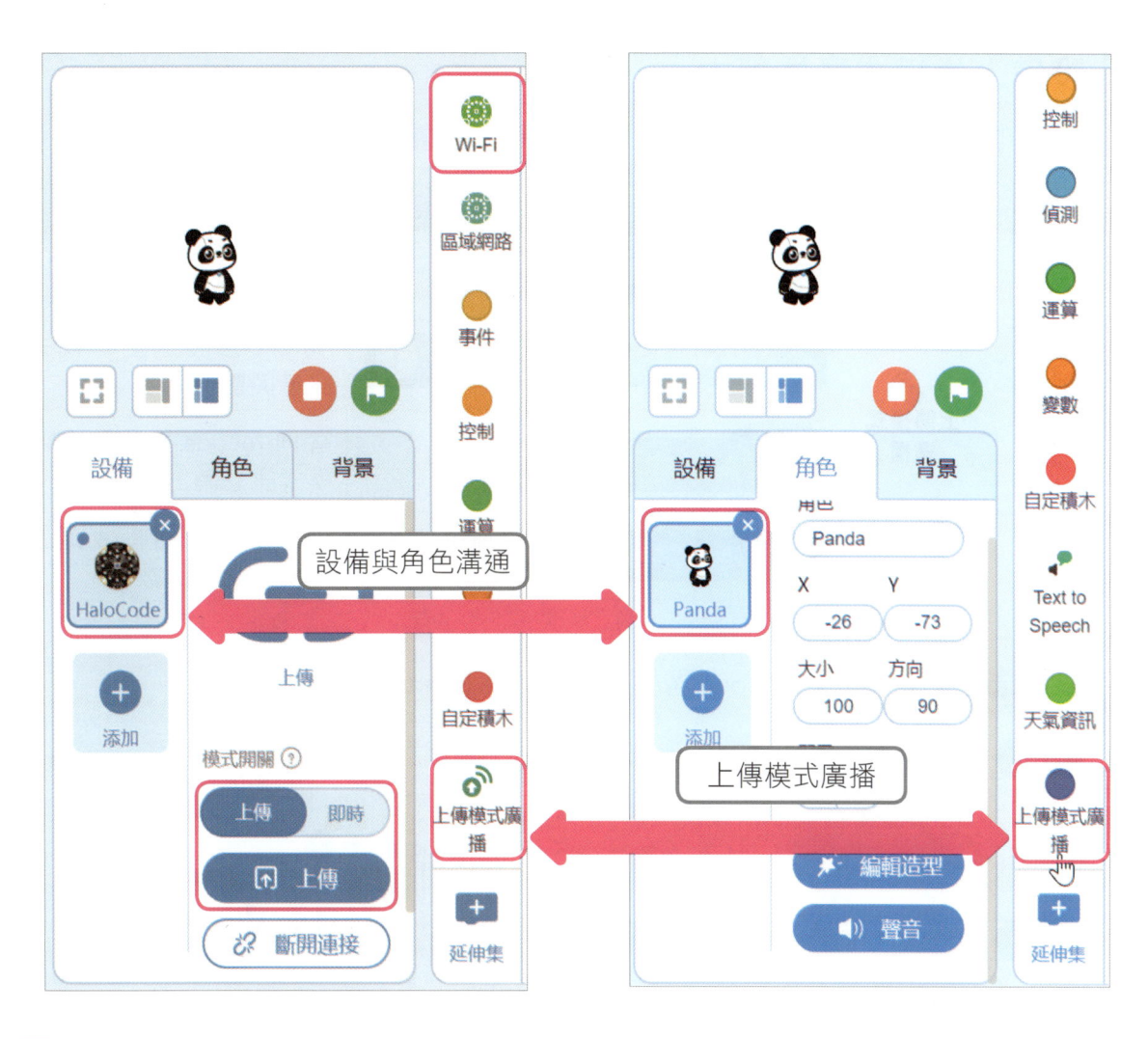

Chapter 7　Halocode 與物聯網：語音播氣象

三　Halocode 控制角色語音播氣象互動流程

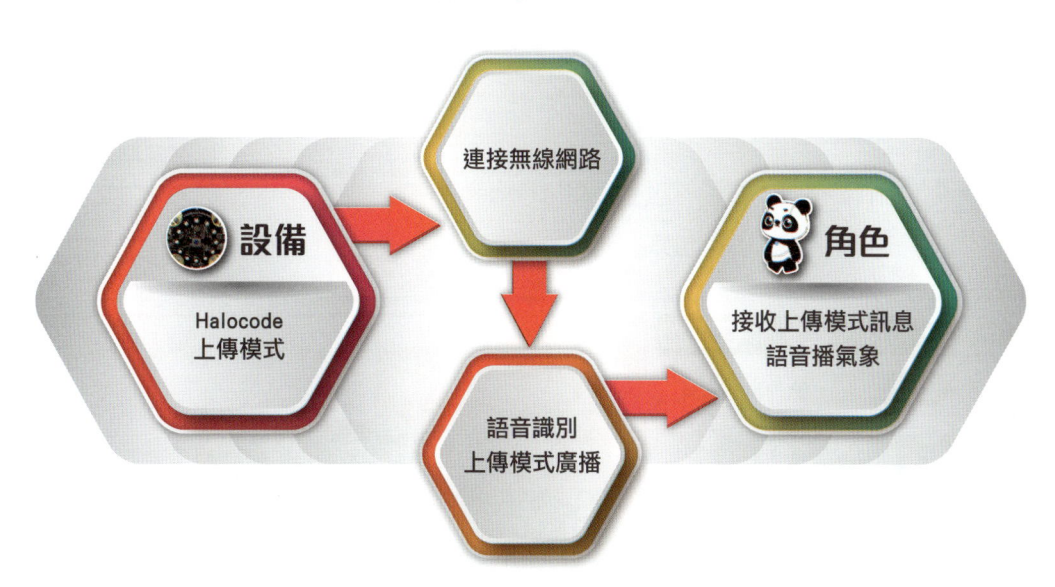

四 設備上傳模式廣播積木

設備的 Halocode 在上傳模式利用無線網路，廣播訊息或接收訊息。

設備	積木類別	積木與功能	
Halocode 連接無線網路	上傳模式廣播	發送上傳模式訊息 message	Halocode 發送上傳模式訊息。
		發送上傳模式訊息 message 及數值 1	Halocode 發送上傳模式訊息與數值。
		當收到上傳模式訊息 message	當 Halocode 接收到上傳模式訊息時，開始執行。
		上傳模式訊息 message 數值	Halocode 傳回接收到上傳模式訊息的數值。

小試身手 1　Halocode 廣播訊息給角色 Panda

Step 1　將 Halocode 的 Micro USB 序列埠與電腦的 USB 連接，開啟 mBlock 5。

Step 2　在「設備」按 添加，點選 Halocode，再按 確認。

Step 3　按 連接，將電腦連接 Halocode，並設定為 上傳 即時 上傳模式。

Step 4　請參考第六章，設計 Halocode 連接無線網路程式。

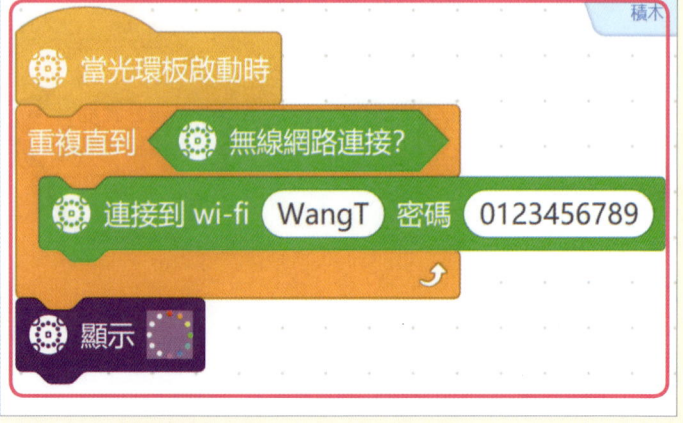

136

Chapter 7　Halocode 與物聯網：語音播氣象

Step 5　按 ![延伸集]，在「上傳模式廣播」點選 添加 。

Step 6　按 事件 與 上傳模式廣播，拖曳 當接點 0 被觸摸 與 發送上傳模式訊息 message 及數值 1 ，輸入「520」，當觸摸 0 時，發送上傳模式訊息 520 給角色 Panda。

137

用主題範例學運算思維與程式設計

Step 7 按 ⬆上傳 上傳,將程式上傳 Halocode。

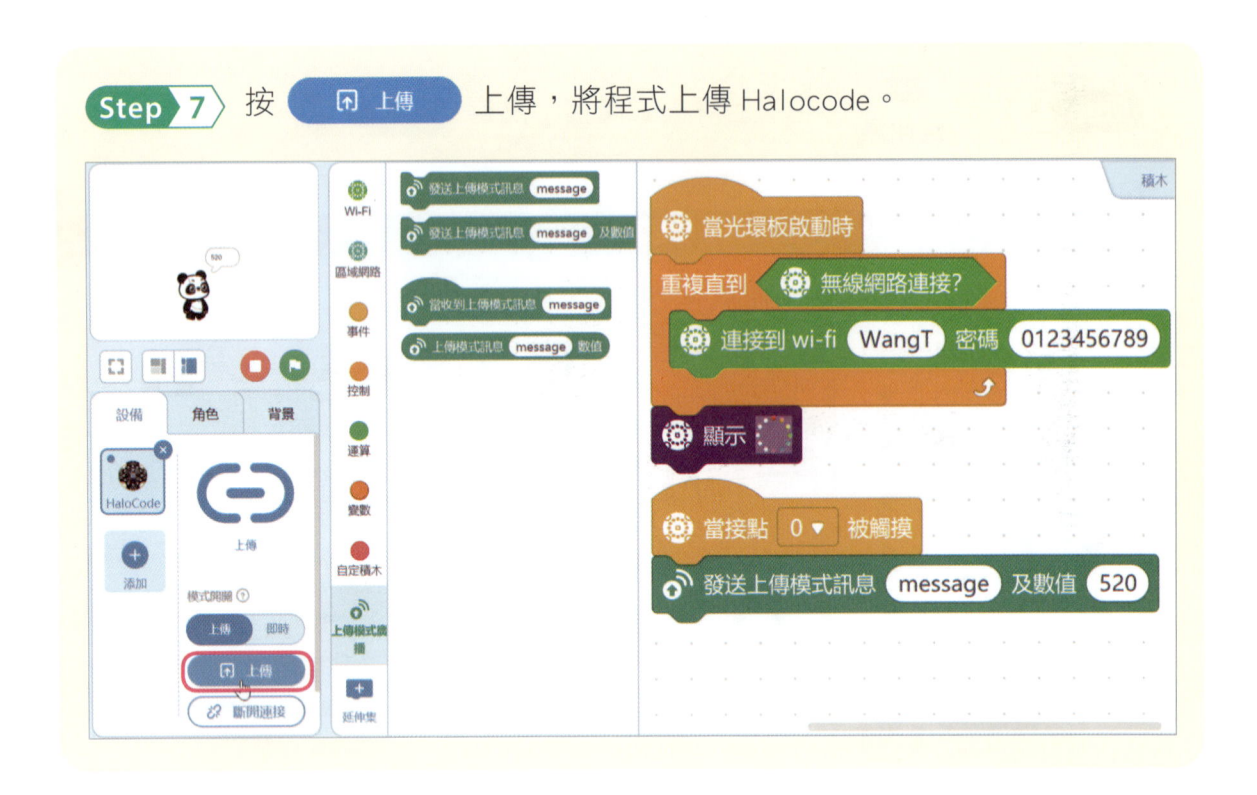

五 角色上傳模式廣播積木

角色利用電腦網路連線,在上傳模式時發送或接收訊息。

設備	積木類別	積木與功能	
電腦連接網路	上傳模式廣播	發送上傳模式訊息 message	角色發送上傳模式訊息。
		發送上傳模式訊息 message 及數值 1	角色發送上傳模式訊息與數值。
		當收到上傳模式訊息 message	當角色接收到上傳模式訊息時,開始執行。
		上傳模式訊息 message 數值	角色傳回接收到上傳模式訊息的數值。

138

小試身手 2　角色 Panda 接收 Halocode 廣播的訊息

Step 1　點選 角色 ，按 ➕延伸集 ，點選「上傳模式廣播」。

Step 2　點選 上傳模式廣播 ，拖曳 當收到上傳模式訊息 message 。

Step 3　點選 外觀 與 上傳模式廣播 ，拖曳 說 你好! 與 上傳模式訊息 message 數值 。

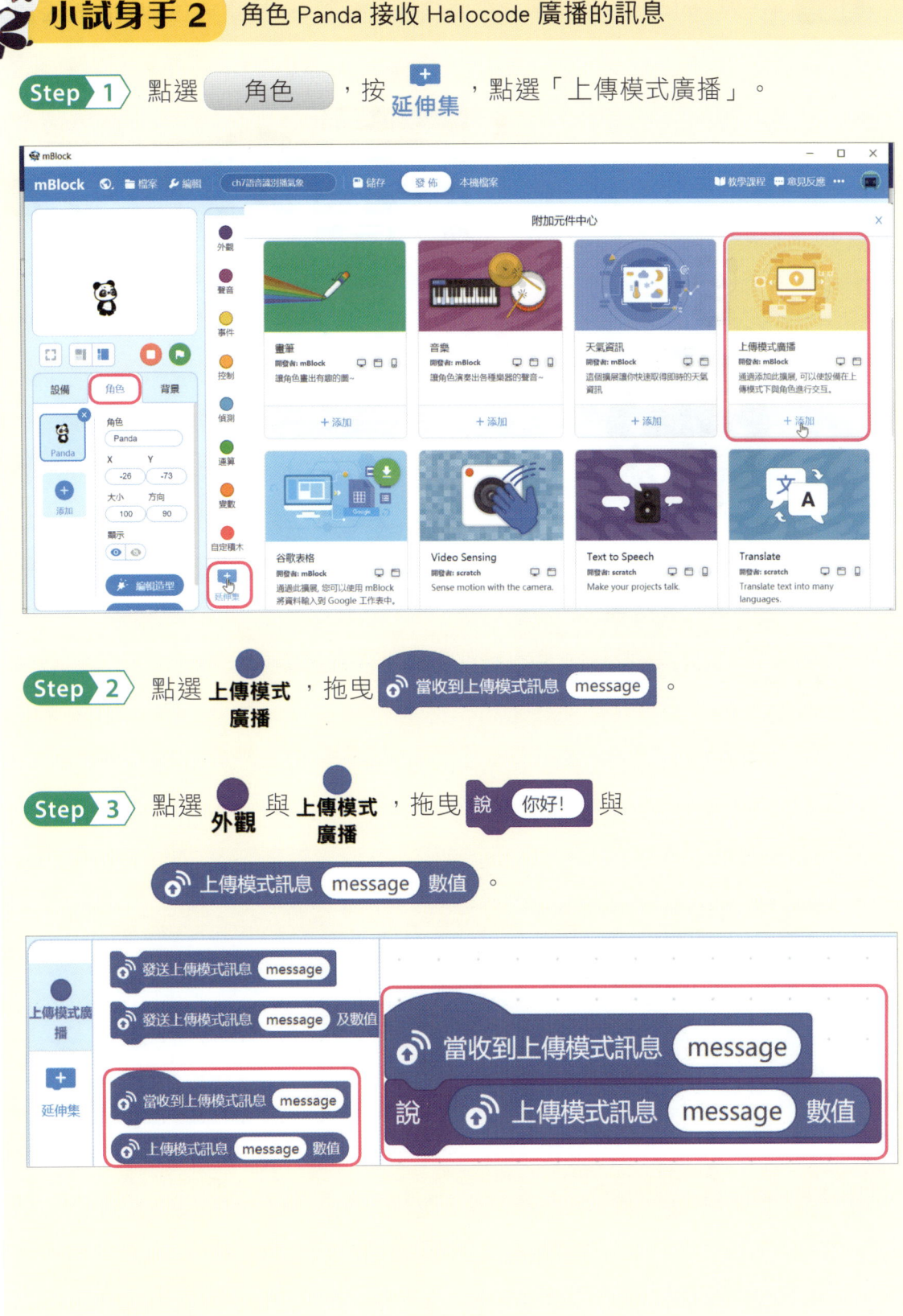

Step 4　當 Halocode 連接無線網路之後，觸摸 0，檢查角色 Panda 是否說：「520」。

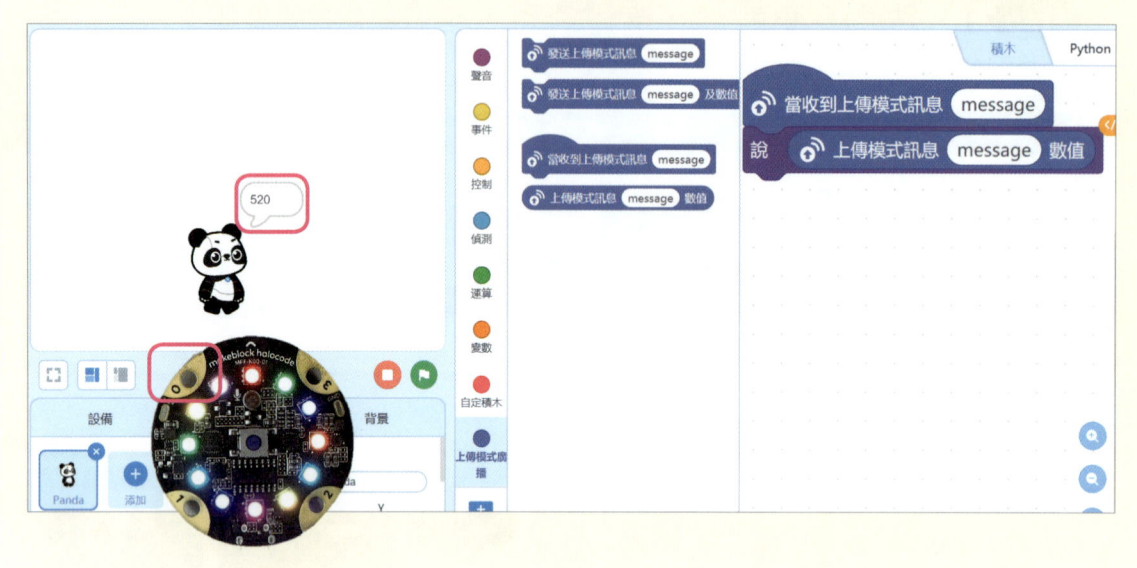

7-2 Halocode 連接無線網路

當按下 Halocode 按鈕時，Halocode 利用內建的無線網路連接網路。

一 Halocode 連接無線網路

按 Halocode，點選 事件 與 Wi-Fi，拖曳下圖積木，當按下 Halocode 的按鈕，連接無線網路。

二 判斷是否連接無線網路

按下 Halocode 按鈕時，LED 亮紅燈，等待直到連接無線網路，LED 亮綠燈。

Step 1 按 照明、控制 與 Wi-Fi，拖曳下圖積木，Halocode 先 LED 亮紅燈，連接無線網路時，LED 亮綠燈。

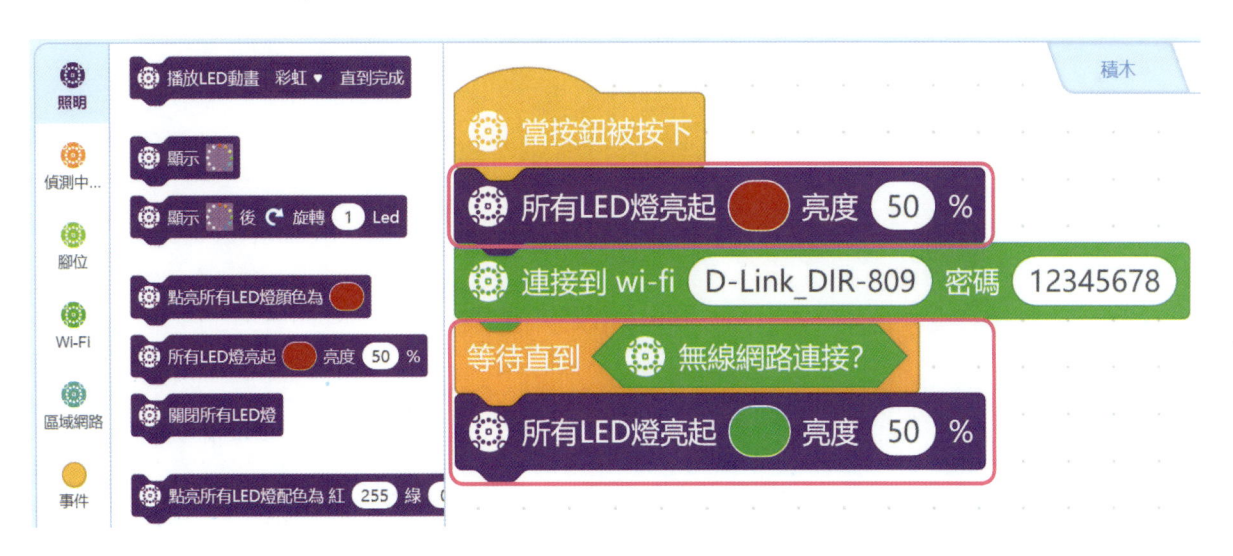

Step 2 點擊 ⬆上傳 ，將程式上傳到 Halocode。

Step 3 按下 Halocode 按鈕，檢查是否亮紅燈。
當無線網路連接成功時，亮綠燈。

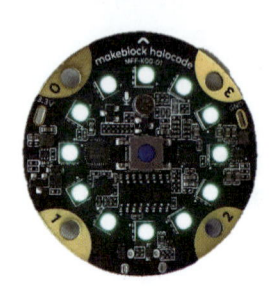

7-3 語音識別與上傳模式廣播

Halocode 連接無線網路之後，進行網路語音識別。語音識別成功，發送上傳模式廣播訊息。

一 語音識別

Halocode 連接無線網路之後，能夠以無線網路連接雲端的資料庫，進行中文或英文語音識別。

按 **照明**、**控制** 與 **Wi-Fi**，拖曳下圖積木，進行語音識別，並亮藍色 LED。

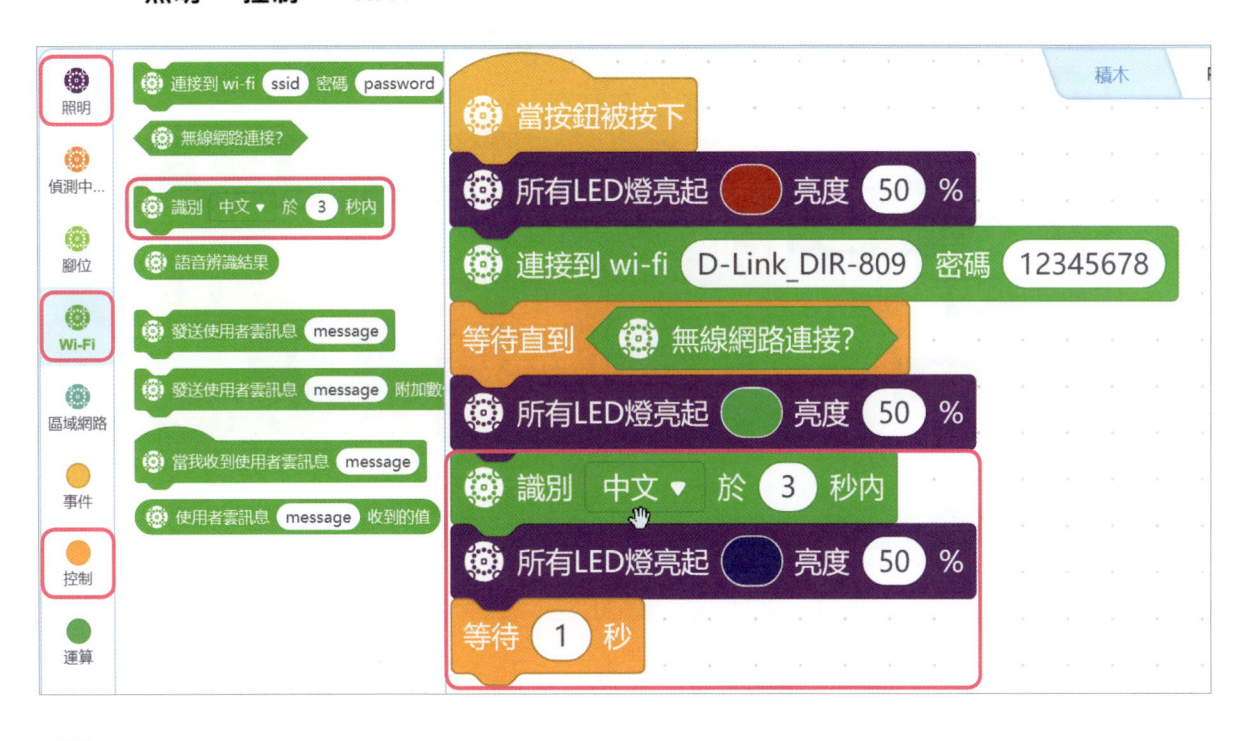

> 註：如果網路連接與語音識別時間太長，等待時間延長 1～3 秒。

143

判斷語音識別結果

Step 1 按 控制、運算 與 照明 拖曳下圖積木，如果語音識別結果包含「氣象」，那麼點亮彩色 LED，否則語音識別不包含「氣象」，點亮紅色 LED。

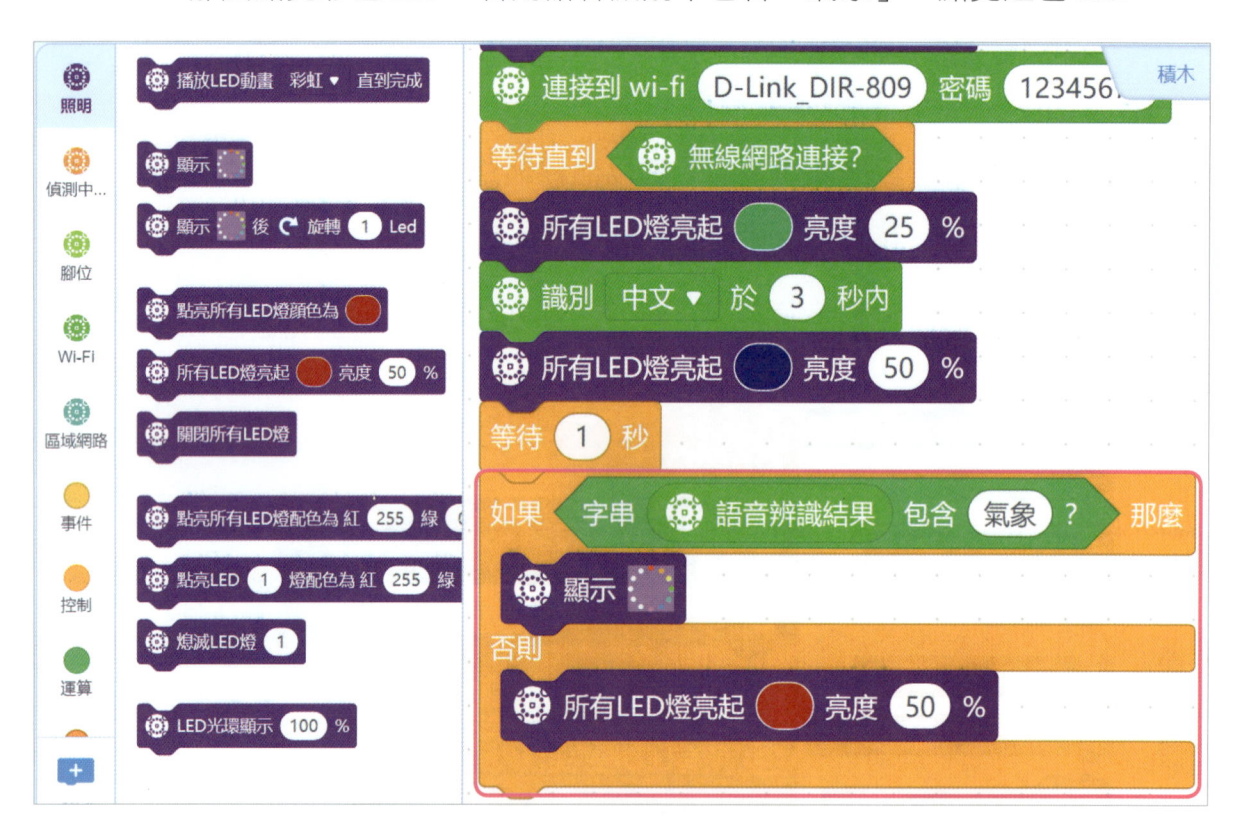

Step 2 點擊 上傳，將程式上傳到 Halocode。

Step 3 按下 Halocode 按鈕，檢查是否亮紅燈。當無線網路連接成功時，亮綠燈。

Step 4 對著 Halocode 麥克風說：「氣象」，檢查 Halocode 顯示彩色 LED 或紅色 LED。

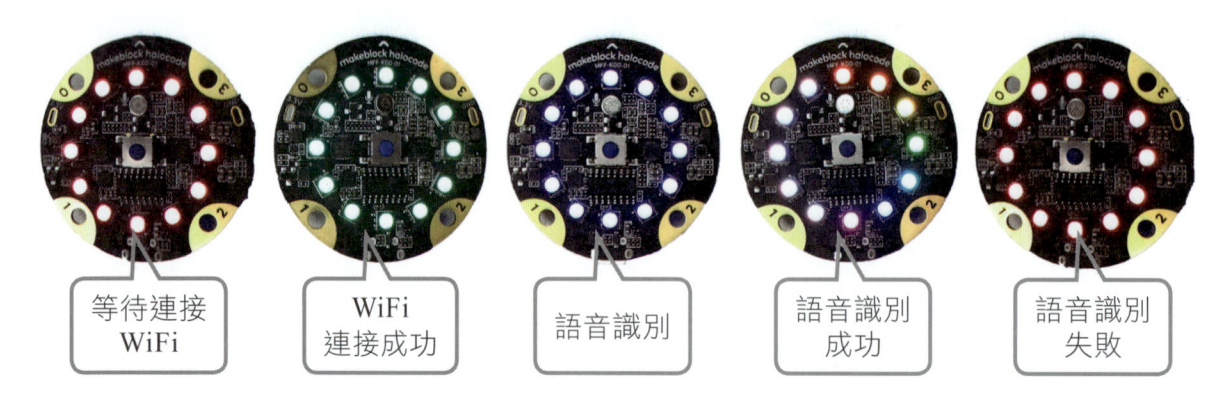

等待連接 WiFi　　WiFi 連接成功　　語音識別　　語音識別成功　　語音識別失敗

三 發送上傳模式訊息

如果語音辨識成功，發送上傳模式訊息給角色接收。

Step 1 按 延伸集，在「上傳模式廣播」點選 添加。

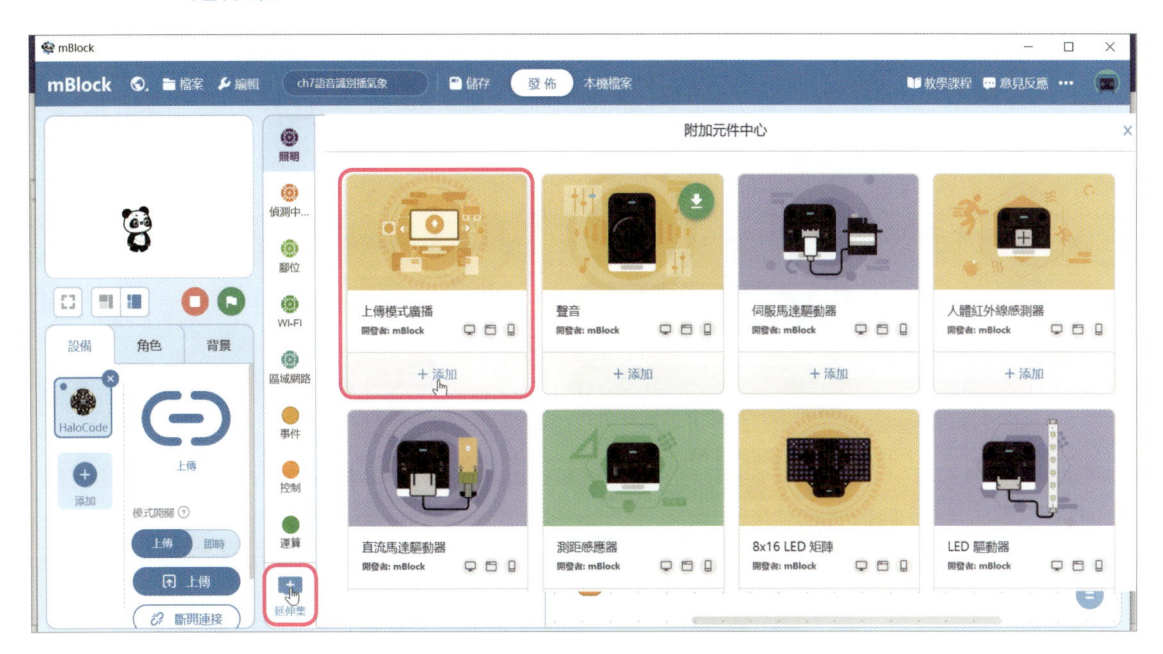

Step 2 按 上傳模式廣播，拖曳 發送上傳模式訊息 message 或 發送上傳模式訊息 message 及數值 1 到如果～那麼的內層，發送上傳模式訊息「氣象」。

145

7-4 角色接收上傳模式訊息

當角色接收到上傳模式訊息「氣象」時,連接網路、查詢氣象。

■ 天氣資訊

在「角色」的延伸集,新增「天氣資訊」,顯示世界各地與天氣相關的資訊,使用天氣資訊時,電腦必須保持網路連線。

設備	積木類別	積木與功能	
電腦連接網路	天氣資訊	城市 最高溫度 (°C)	傳回城市最高攝氏溫度值。
		城市 最低溫度 (°C)	傳回城市最低攝氏溫度值。
		城市 最高溫度 (°F)	傳回城市最高華氏溫度值。
		城市 最低溫度 (°F)	傳回城市最低華氏溫度值。
		城市 濕度 (%)	傳回城市濕度值。
		城市 天氣	傳回城市天氣。
		城市 日落時間 小時▼	傳回城市日落的時間。
		城市 日出時間 小時▼	傳回城市日出的時間。
		地區 空氣品質 空氣品質指數▼ 指數 ✓ 空氣品質指數 PM2.5 PM10 CO SO2 NO2	傳回地區的空氣品質,包括:細懸浮微粒(PM2.5)、懸浮微粒(PM10)、一氧化碳(CO)、二氧化硫(SO_2)、二氧化氮(NO_2)。

■ 上傳模式廣播

Step 1 點選 角色 ,按 ➕延伸集 ,點選「上傳模式廣播」、「天氣資訊」與「Text to Speech」的 添加 。

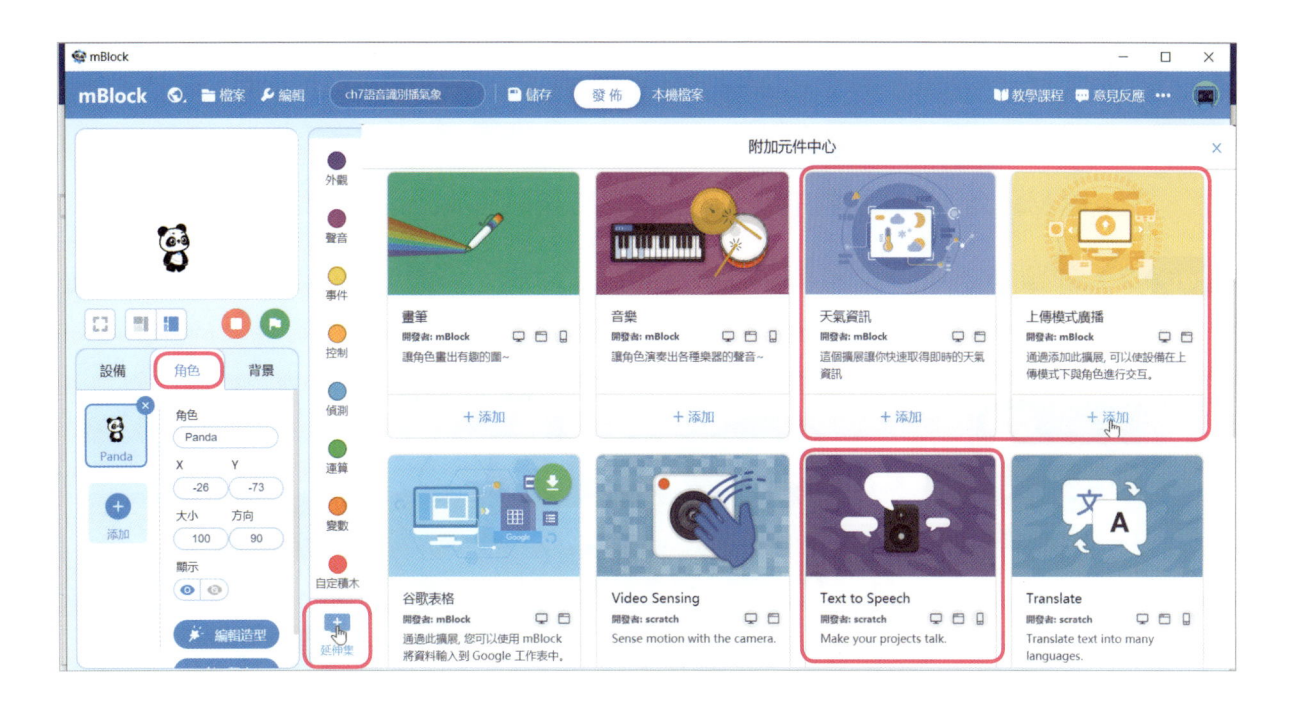

Chapter 7　Halocode 與物聯網：語音播氣象

Step 2　點選 **上傳模式廣播**，拖曳 `當收到上傳模式訊息 message`，輸入「氣象」，當角色接收到上傳模式訊息「氣象」。

Step 3　按 **外觀**、**運算** 與 **天氣資訊**，拖曳下圖積木，讓舞台角色說台北最高溫度。

Step 4　在「城市」輸入「台北」。

147

三 播放語音

Step 1 按 `Text to Speech` 文字轉語音，拖曳下圖積木，設定語音為 Chinese（Mandarin）（繁體中文），並用電腦喇叭播放語音「台北最高溫度 xx」。

Step 2 依照 7-2 節流程對著發送端 Halocode 說：「氣象」，檢查角色是否語音說出「台北最高溫度 xx」。

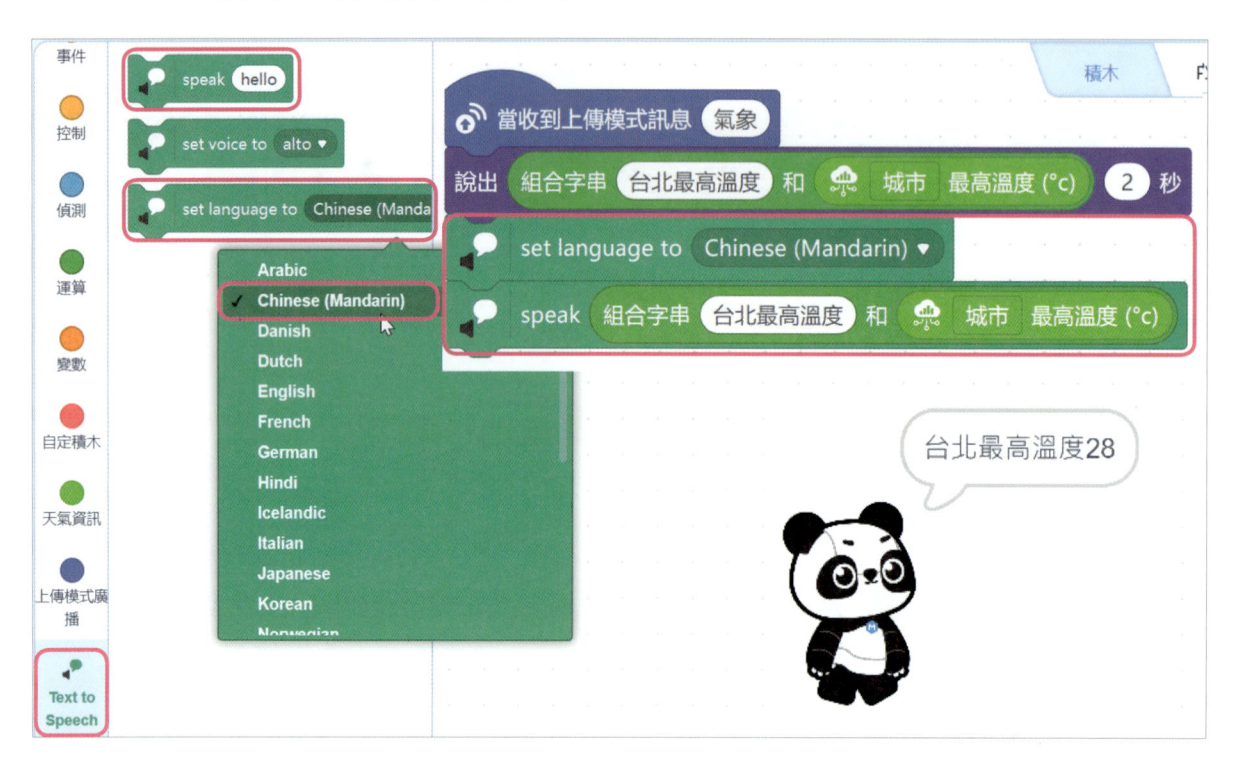

註：使用文字轉語音時，電腦必須保持網路連線，並開啟喇叭。

Chapter 7　課後練習

一、單選題

_____ 1. 如果 Halocode 連接無線網路執行語音辨識，應該使用下列哪一類積木？

(A) Wi-Fi　(B) 上傳模式廣播　(C) 區域網路　(D) 上傳模式廣播 。

_____ 2. Halocode 連接無線網路成功時，無法執行下列哪一個積木動作？

(A) 發送使用者雲訊息 message 附加數值 1
(B) 當我收到使用者雲訊息 message
(C) 發送上傳模式訊息 message
(D) 在區域網路上廣播 message 。

_____ 3. Halocode 連接無線網路成功時，利用下列哪一個積木發送訊息給角色？

(A) 發送上傳模式訊息 message
(B) 發送上傳模式訊息 message
(C) 發送使用者雲訊息 message
(D) 在區域網路上廣播 message 。

_____ 4. 當 Halocode 發送上傳模式訊息給角色時，角色利用下列哪一個積木接收？

(A) 當收到上傳模式訊息 message
(B) 當收到上傳模式訊息 message
(C) 當我收到使用者雲訊息 message
(D) 當接收區域網路 message 廣播時 。

_____ 5. Halocode 與角色之間是利用哪一種方式，以無線網路進行溝通？

(A) 使用者雲訊息　　　　　(B) 區域網路廣播
(C) 上傳模式廣播　　　　　(D) 變數廣播。

_____ 6. 下列哪一個積木「無法」讓角色說出天氣資訊？

(A) 城市 日落時間 小時▼
(B) 城市 最低溫度 (°F)
(C) 地區 空氣品質 空氣品質指標值▼ 指標
(D) 語音辨識結果 。

149

_____ 7. 關於下列積木功能的敘述何者<u>不正確</u>？

(A) 角色接收到上傳模式訊息氣象時，開始執行程式
(B) 語音的語言設定為英文
(C) 角色在舞台以文字說出台北最高溫度 28
(D) 語音說出台北最高溫度 28。

_____ 8. 如果想設計利用電腦喇叭播放語音，應該使用下列哪一個積木？

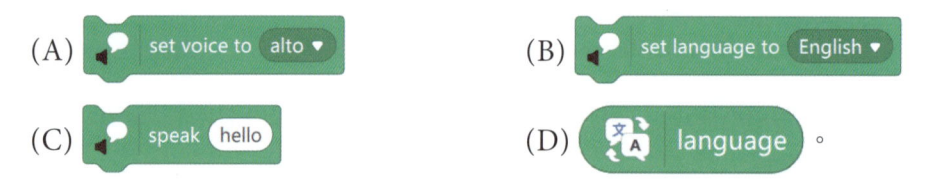

(A) set voice to alto   (B) set language to English
(C) speak hello   (D) language 。

_____ 9. 如果角色要接收 Halocode 傳送上傳模式廣播，應該使用下列哪一類積木？

(A) 上傳模式廣播   (B) Wi-Fi   (C) 區域網路   (D) 上傳模式廣播 。

_____ 10. 下列何者<u>不是</u>角色「延伸集」的功能？

(A) 人工智慧   (B) 上傳模式廣播   (C) 天氣資訊   (D) 上傳模式廣播 。

二、實作題

1. 請利用翻譯（Translate）功能，讓角色接收到上傳模式廣播時，先以中文播放台北最高溫度的氣象語音，再以英文播放台北最高溫度氣象語音。

2. 請利用多個「如果～那麼」判斷語音輸入：如果語音輸入為「台北」那麼播放台北最高溫度的氣象語音、如果語音輸入為「紐約」那麼播放紐約最高溫度的氣象語音。

Chapter 8

Halocode與藍牙：Halocode 區域廣播Halocode

8-1　Halocode 與區域網路
8-2　「Halocode 區域廣播 Halocode」專題規劃
8-3　區域網路廣播
8-4　區域網路即時回饋搶答

本章學習目標

1. 能夠理解 Halocode 區域廣播的原理。
2. 能夠應用 Halocode 區域廣播，設計統一廣播與即時搶答活動。
3. 能夠應用 Halocode 廣播訊息給其他 Halocode。
4. 能夠應用 Halocode 將廣播接收訊息寫入清單。

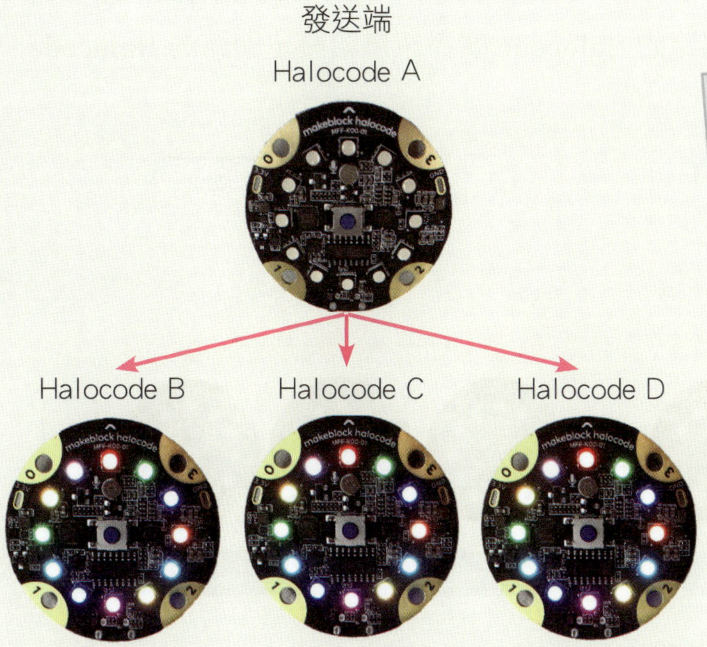

發送端
Halocode A

Halocode B　Halocode C　Halocode D

▲ 接收端

本章利用Halocode連接藍牙(Bluetooth)，無線廣播其他Halocode，設計區域網路即時回饋搶答。

8-1 Halocode 與區域網路

Halocode 內建藍牙模組，能夠利用藍牙連接區域網路，以無線方式廣播其他 Halocode。區域網路的廣播方式類似樹狀結構，由 Halocode A，設定網路，其他 Halocode B、C、D…申請加入網路，就能夠接收 Halocode A 發送的訊息。區域網路廣播的發送與接收，兩者關係如下圖：

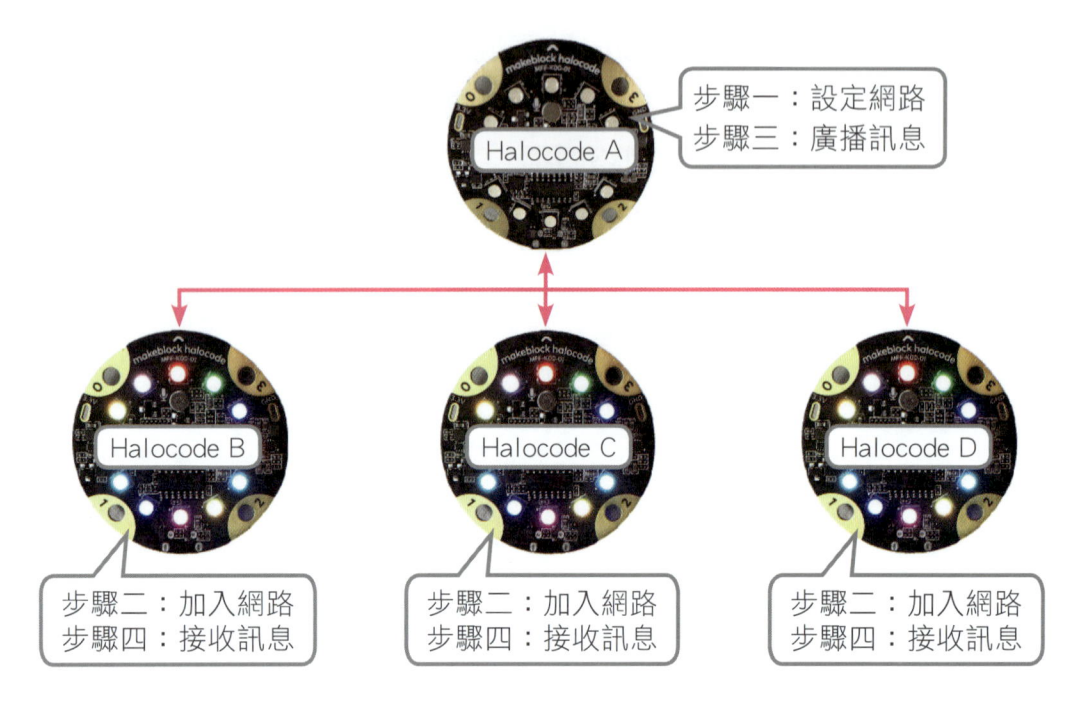

Halocode A — 步驟一：設定網路 / 步驟三：廣播訊息

Halocode B — 步驟二：加入網路 / 步驟四：接收訊息
Halocode C — 步驟二：加入網路 / 步驟四：接收訊息
Halocode D — 步驟二：加入網路 / 步驟四：接收訊息

Halocode 在區域網路廣播時，能夠由「設定網路」的 Halocode 廣播訊息給「加入網路」的 Halocode、或由加入網路的 Halocode 廣播訊息給設定網路的 Halocode 接收。

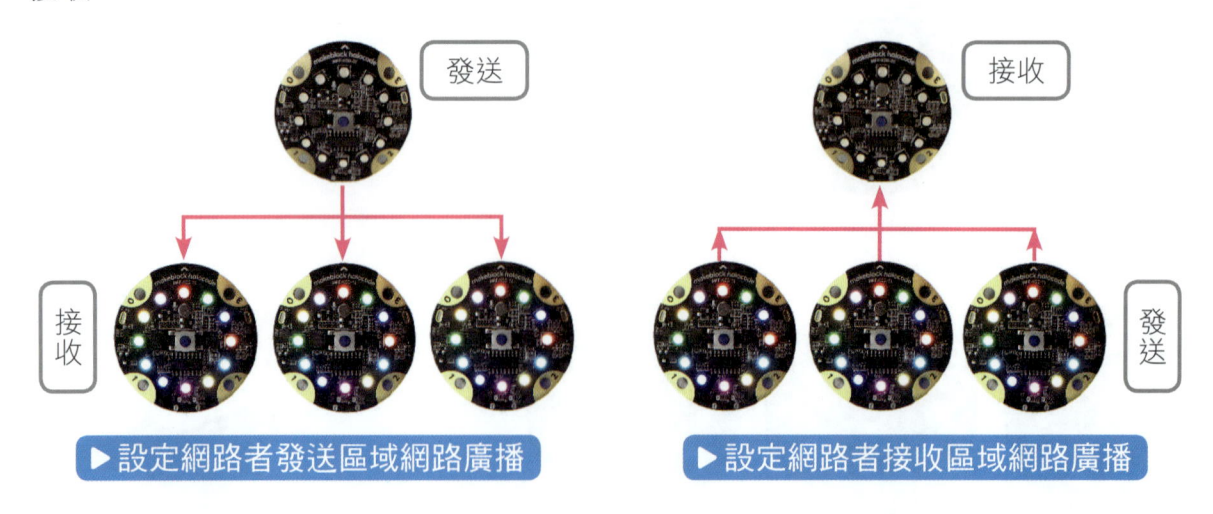

▶ 設定網路者發送區域網路廣播　　▶ 設定網路者接收區域網路廣播

8-2 「Halocode 區域廣播 Halocode」專題規劃

本章將利用 Halocode 內建的藍牙（Bluetooth），設計 Halocode 區域網路廣播其他 Halocode。區域網路廣播方式分成 2 個子專題：區域網路廣播與區域網路即時回饋搶答。

一 區域網路積木

Halocode 元件	積木類別	積木與功能	
藍牙	區域網路	設定 mesh1 區網	設定區域網路為 mesh1（網路 1）。
		加入 mesh1 區網	加入 mesh1（網路 1）的區域網路。

二 發送端

發送端的 Halocode 在區域網路廣播訊息。

區域網路廣播訊息	區域網路廣播訊息與數值
在區域網路上廣播 message	在區域網路上廣播 message 及 1 值
在區域網路上廣播訊息。	在區域網路上廣播訊息與數值。

小試身手 1　區域網路廣播訊息

請兩人一組，A 的 Halocode 為發送端；B 的 Halocode 為接收端。A 的發送端程式如下：

Step 1 將 Halocode 的 Micro USB 序列埠與電腦的 USB 連接，開啟 mBlock 5。

Step 2 在「設備」按 ➕添加，點選 Halocode ，再按 確認 。

Step 3 按 連接 ，將電腦連接 Halocode，並設定為 上傳 模式。

Step 4 點選 事件 與 區域網路 ，拖曳下圖積木，當按下 Halocode 按鈕，設定區域網路（mesh1）、當觸摸 0 時，在區域網路廣播訊息（message）。

Step 5 按 ⬆上傳 上傳，將程式上傳 Halocode。

接收端

接收端的 Halocode 在區域網路接收廣播訊息。

接收訊息開始執行	傳回收到訊息
當接收區域網路 message 廣播時	區域網路訊息 message 已收到的值
當收到區域網路廣播的訊息時，開始執行程式。	傳回接收的區域網路訊息。

Chapter 8　Halocode 與藍牙：Halocode 區域廣播 Halocode

小試身手 2　接收區域網路廣播訊息

請兩人一組，A 的 Halocode 為發送端；B 的 Halocode 為接收端。B 的接收端程式如下：

Step 1 點選 **事件** 與 **區域網路**，拖曳下圖積木，當按下 Halocode 按鈕，加入區域網路（mesh1）、當收到區域網路廣播訊息（message）時，點亮 LED。

Step 2 按 **上傳** 上傳，將程式上傳 Halocode。

Step 3 兩人一組，A 的 Halocode 發送區域網路廣播給 B 的 Halocode 接收。

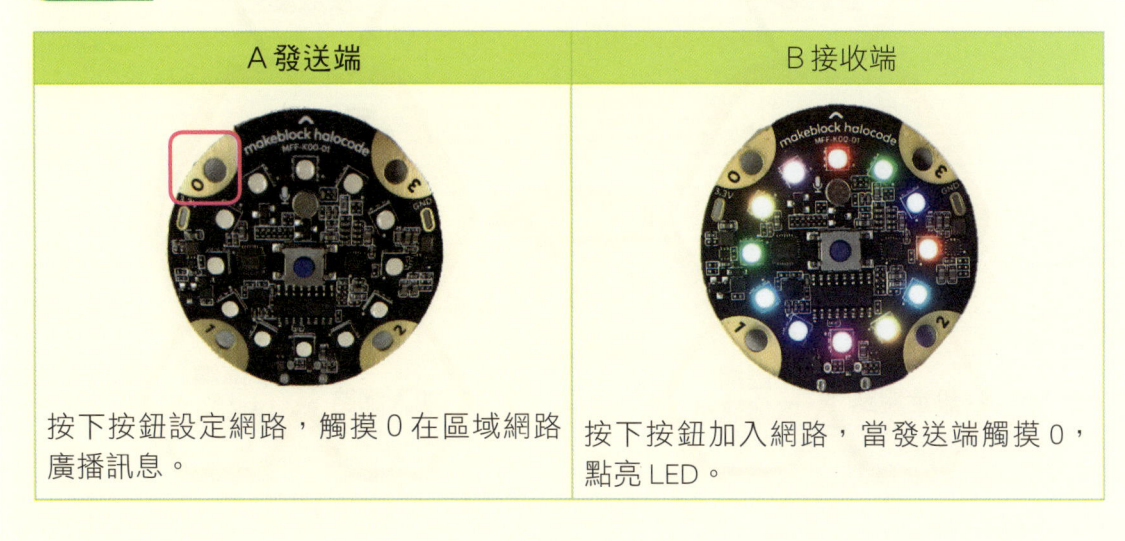

A 發送端	B 接收端
按下按鈕設定網路，觸摸 0 在區域網路廣播訊息。	按下按鈕加入網路，當發送端觸摸 0，點亮 LED。

155

8-3 區域網路廣播

由老師的 Halocode 設定網路，學生申請加入網路。當老師按下按鈕，發送廣播訊息給全部學生的 Halocode。當學生的 Halocode 接收到老師的廣播訊息，開始執行設計的程式。廣播的發送與接收關係如下圖：

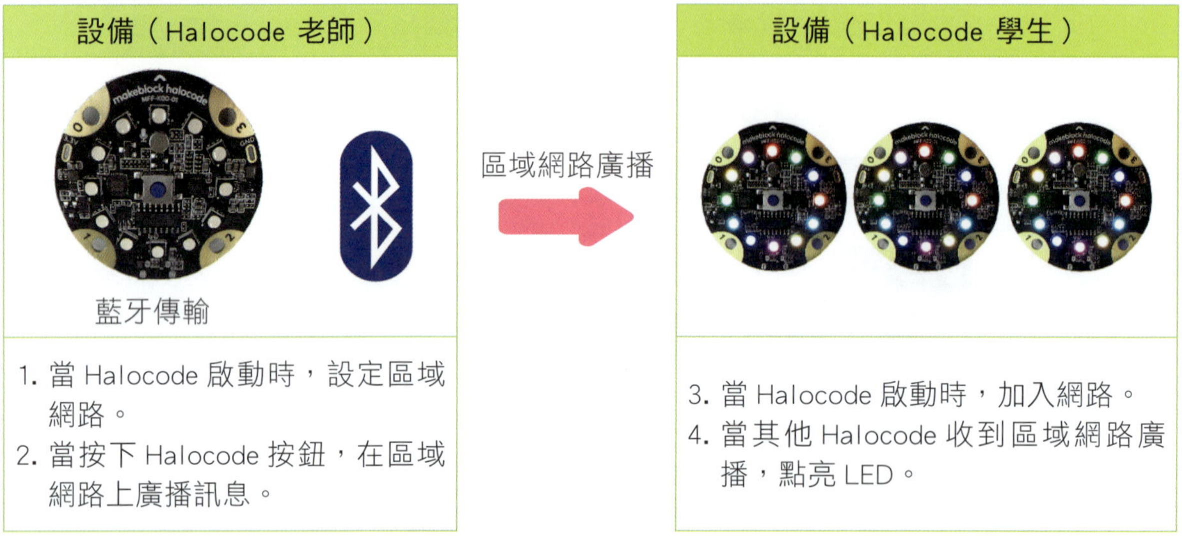

設備（Halocode 老師）
藍牙傳輸

1. 當 Halocode 啟動時，設定區域網路。
2. 當按下 Halocode 按鈕，在區域網路上廣播訊息。

設備（Halocode 學生）

3. 當 Halocode 啟動時，加入網路。
4. 當其他 Halocode 收到區域網路廣播，點亮 LED。

■ Halocode 區域網路廣播方式

發送端　　　　　　　　接收端

設備　　　　區域網路　　　設備
Halocode A　　　　　　Halocode B,C,D
上傳模式　　　　　　　上傳模式

設定網路　區網廣播訊息　　加入網路　區網接收訊息

二 設定區域網路與發送廣播

Step 1 連接 Halocode 與電腦，並設定為上傳模式。

Step 2 按 Halocode，點選 **事件**、**區域網路** 與 **照明**，拖曳下圖積木，當 Halocode 啟動時，設定區域網路為 A，並點亮紅色 LED。

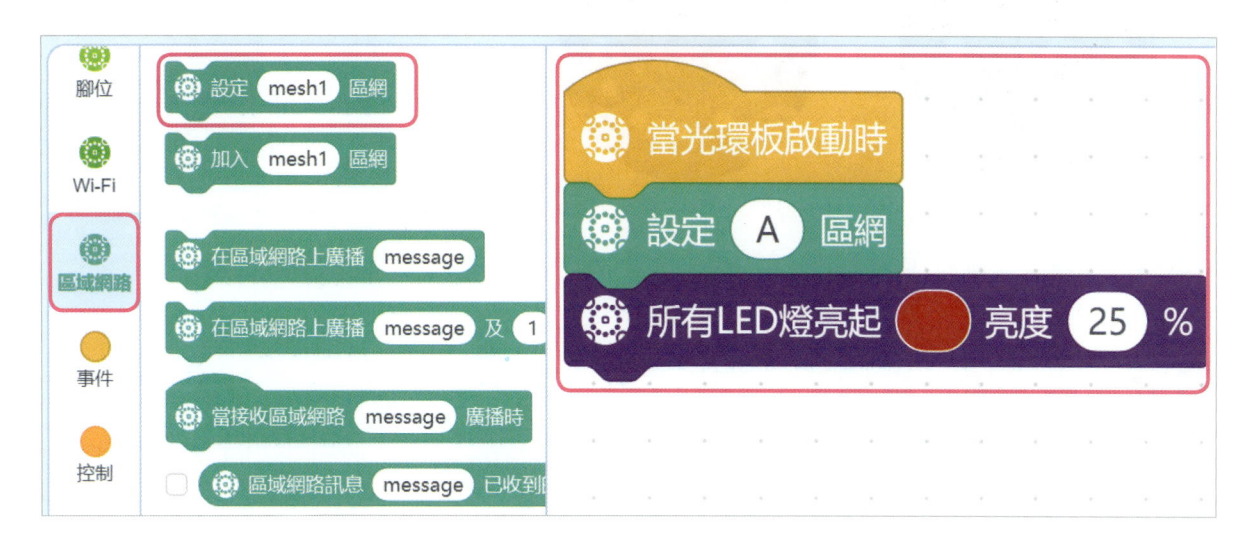

Step 3 點選 **事件**、**區域網路** 與 **照明**，拖曳下圖積木，當按下按鈕廣播「自由創作」，並亮綠色 LED。如果觸摸 0，關閉 LED。

用主題範例學運算思維與程式設計

Step 4　點擊 「⬆ 上傳」，將程式上傳到 Halocode，檢查是否亮紅色 LED。

Step 5　按下 Halocode 按鈕，檢查是否亮綠燈。

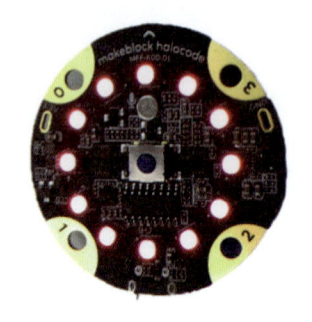

註　開啟「上傳模式」時，必須將程式上傳到 Halocode 才能執行結果。

三 接收區域網路廣播

學生的 Halocode 申請加入網路，當學生的 Halocode 接收到老師的廣播訊息，開始執行個別設計的程式。

Step 1　請連接另一個 Halocode 並與電腦連接，設定為上傳模式。

Step 2　按 HaloCode，點選 事件、區域網路 與 照明，拖曳下圖積木，當 Halocode 啟動時，加入區域網路 A，並點亮黃色 LED。

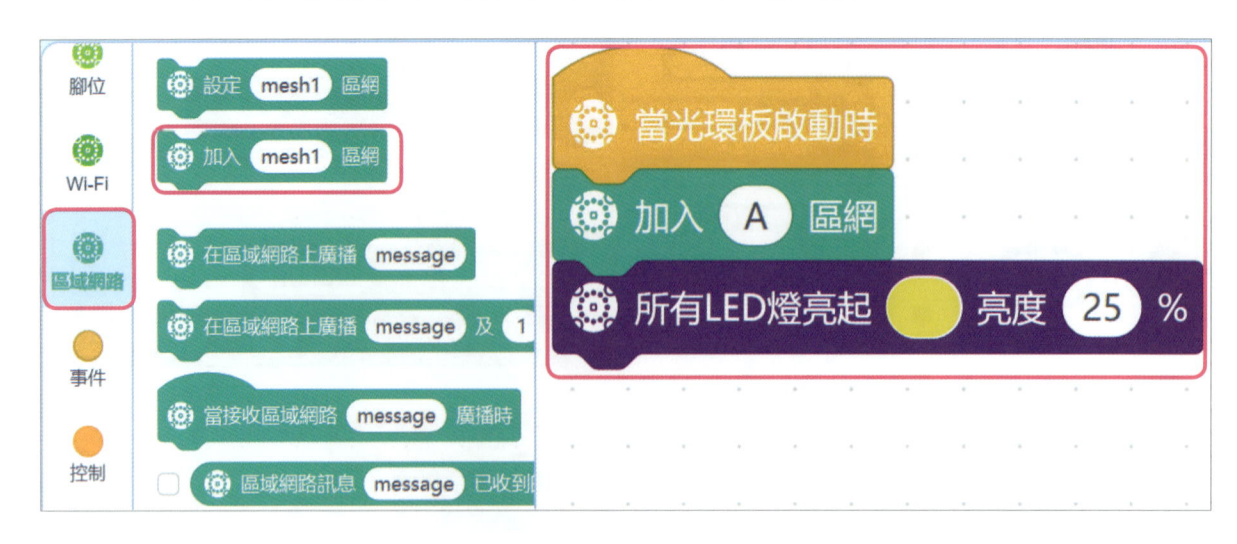

158

Step 3　點選 變數，建立變數「LED」，將 LED 設定為 1，重複執行 12 次，每次改變 1，依序點亮 12 個 LED。

Step 4　點選 事件、區域網路 與 照明，拖曳下圖積木，當 Halocode 接收到「自由創作」廣播時，依序從 1、2、⋯12，點亮 12 顆 LED，每顆 LED 的顏色隨機；當觸摸 0 時，關閉 LED。

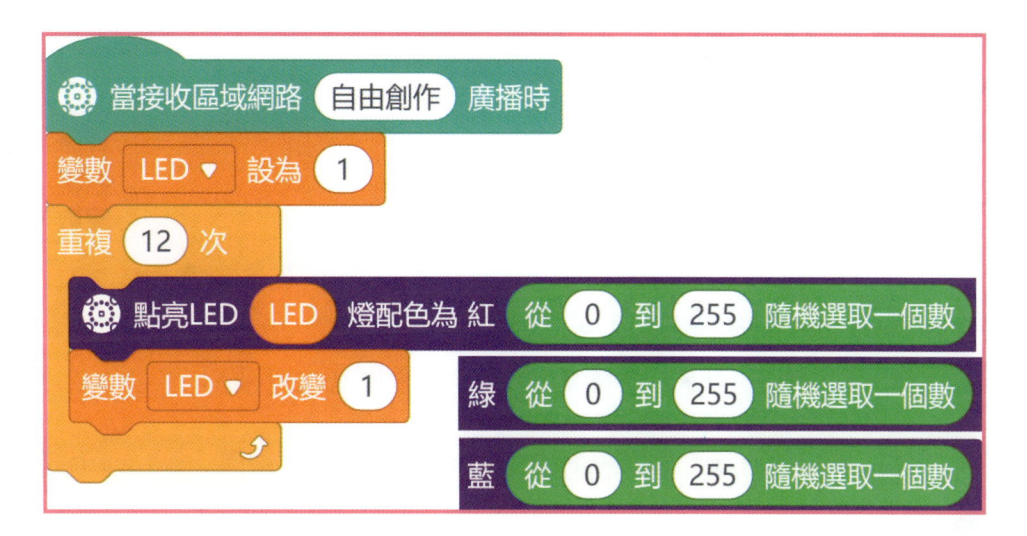

```
當接收區域網路 [自由創作] 廣播時
    變數 [LED▼] 設為 (1)
    重複 (12) 次
        點亮LED (LED) 燈配色為 紅 從 (0) 到 (255) 隨機選取一個數
                              綠 從 (0) 到 (255) 隨機選取一個數
                              藍 從 (0) 到 (255) 隨機選取一個數
        變數 [LED▼] 改變 (1)
```

```
當接點 [0▼] 被觸摸
    關閉所有LED燈
```

Step 5　點擊 上傳，將程式上傳到多個 Halocode，檢查是否亮黃色 LED。

Step 6　當按下老師的 Halocode 按鈕，學生的 Halocode 同時點亮不同顏色 LED。

8-4 區域網路即時回饋搶答

將老師的 Halocode 設定網路，學生申請加入網路。當學生按下按鈕，發送廣播訊息給「座號」與「答案」給老師的 Halocode 接收。當老師的 Halocode 接收到學生的廣播訊息，再利用上傳模式廣播，將訊息上傳給角色寫入清單。

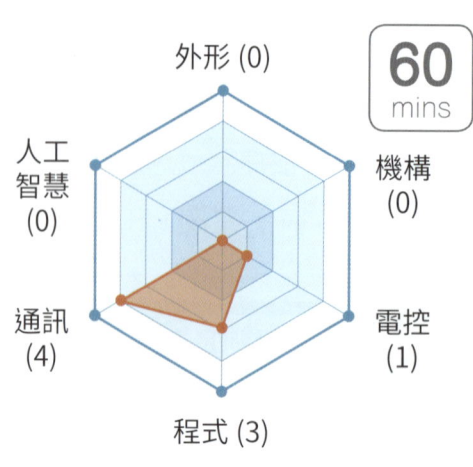

創客題目編號：A027017

創客指標	
外形	0
機構	0
電控	1
程式	3
通訊	4
人工智慧	0
創客總數	8

60 mins

雷達圖：外形(0)、機構(0)、電控(1)、程式(3)、通訊(4)、人工智慧(0)

一、「區域網路即時回饋搶答」專題規劃

區域網路即時回饋搶答時，廣播的發送與接收關係如下圖：

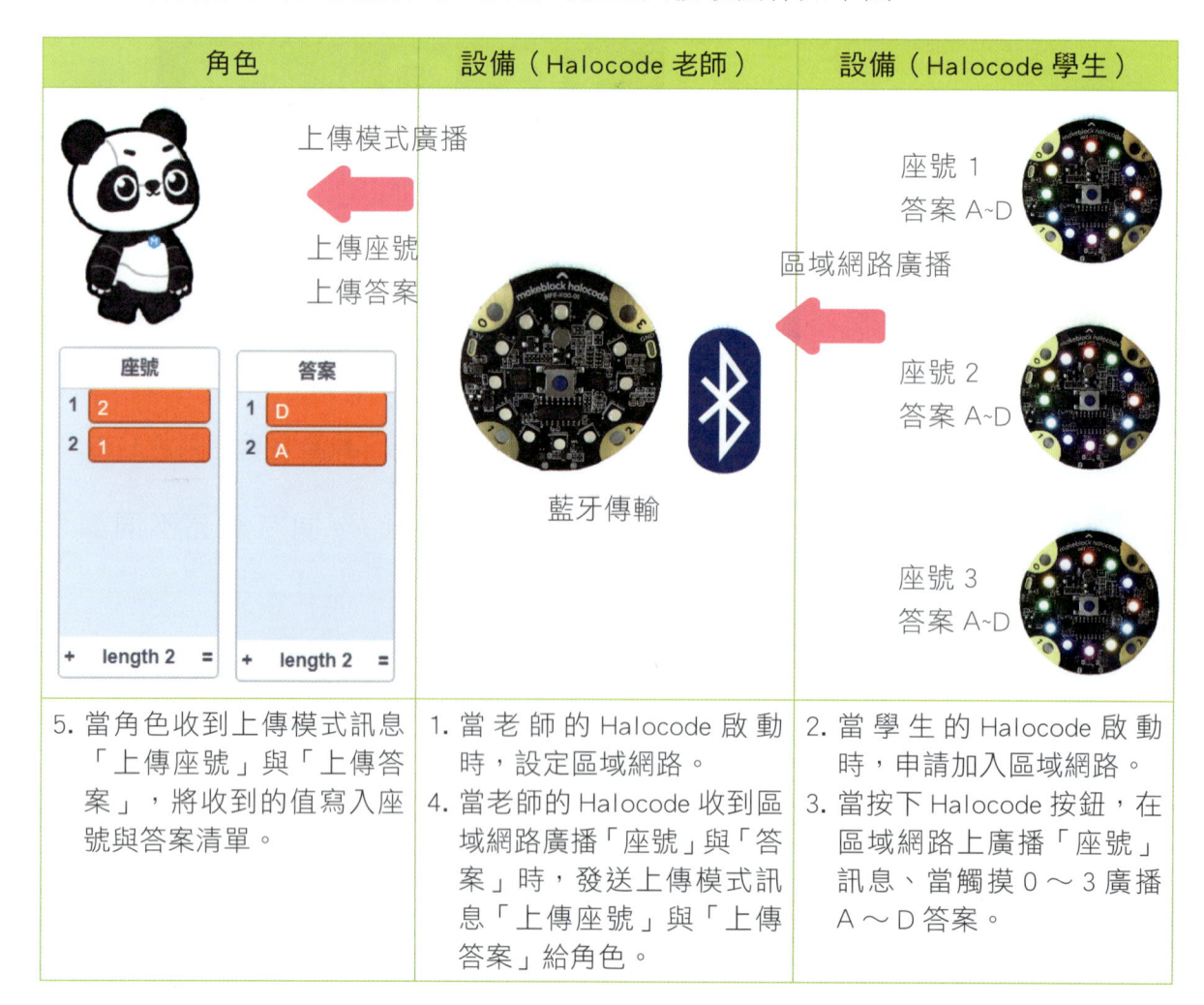

角色	設備（Halocode 老師）	設備（Halocode 學生）
熊貓角色 上傳模式廣播 上傳座號 上傳答案 座號清單：1→2, 2→1 答案清單：1→D, 2→A length 2	Halocode 老師 藍牙傳輸 ← 區域網路廣播	座號 1 答案 A~D 座號 2 答案 A~D 座號 3 答案 A~D
5.當角色收到上傳模式訊息「上傳座號」與「上傳答案」，將收到的值寫入座號與答案清單。	1.當老師的 Halocode 啟動時，設定區域網路。 4.當老師的 Halocode 收到區域網路廣播「座號」與「答案」時，發送上傳模式訊息「上傳座號」與「上傳答案」給角色。	2.當學生的 Halocode 啟動時，申請加入區域網路。 3.當按下 Halocode 按鈕，在區域網路上廣播「座號」訊息、當觸摸 0～3 廣播 A～D 答案。

二 區域網路即時回饋搶答互動方式

老師端　　　　　　　　　　　學生端

設備　　　　　　　　　　　　設備

Halocode A　　　區域網路　　Halocode B,C,D
上傳模式　　　←　　　　　　上傳模式

設定網路　　區網　　　　　　加入網路　　區網
　　　　　接收訊息　　　　　　　　　　　廣播訊息

　　　　上傳模式廣播　→　角色
　　　　　　　　　　　接收上傳模式訊息
　　　　　　　　　　　添加訊息到清單

三 設定區域網路

當老師的 Halocode 啟動時，設定區域網路。

點選 檔案 > 建立新專案 ，拖曳下圖積木，設定老師的區域網路，同時，觸摸 0，關閉所有 LED。

161

四 接收區域網路廣播與發送上傳模式

當老師的 Halocode 收到區域網路廣播「座號」與「答案」時，將收到區域網路訊息座號的值（例如：1）與區域網路訊息答案的值（例如：D），發送上傳模式訊息「上傳座號」與「上傳答案」給角色。

Step 1 按 **區域網路**，拖曳 2 個 `當接收區域網路 message 廣播時`，分別輸入「座號」與「答案」。

Step 2 按 **延伸集**，在「上傳模式廣播」點選 `添加`。

Step 3 按 **上傳模式廣播** 拖曳 2 個 `發送上傳模式訊息 message`。

Step 4 按 **區域網路**，拖曳 2 個 `區域網路訊息 message 已收到的值` 到上傳模式訊息的位置，分別輸入「上傳座號」與「上傳答案」，將收到 Halocode 的座號與答案，分別上傳給角色。

Step 5 按 **照明**，設定收到座號與答案分別顯示不同顏色 LED。

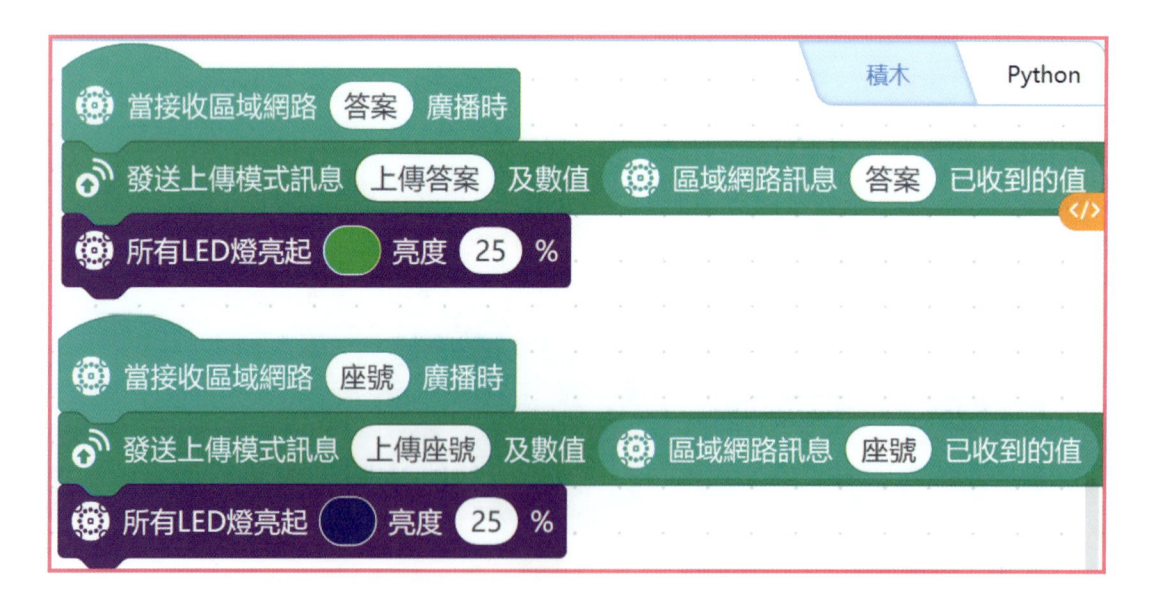

```
當接收區域網路 答案 廣播時
發送上傳模式訊息 上傳答案 及數值 區域網路訊息 答案 已收到的值
所有LED燈亮起 ●(綠) 亮度 25 %

當接收區域網路 座號 廣播時
發送上傳模式訊息 上傳座號 及數值 區域網路訊息 座號 已收到的值
所有LED燈亮起 ●(藍) 亮度 25 %
```

五 角色接收上傳模式訊息與清單

當角色收到上傳模式訊息「上傳座號」與「上傳答案」，將收到的值寫入座號與答案清單。

Step 1 點選 角色 ，按 變數 ，點選 做一個清單 ，分別輸入「座號」與「答案」。

Step 2 點選 變數 ，拖曳 2 個 當收到上傳模式訊息 message ，分別輸入「上傳座號」與「上傳答案」，當角色接收到上傳模式訊息，開始執行。

Step 3 按 變數 ，拖曳 2 個 添加 物品 到清單 座號▼ 。

Step 4 點選 上傳模式廣播 ，拖曳 2 個 上傳模式訊息 message 數值 到「物品」位置，分別輸入「上傳座號」與「上傳答案」，將收到訊息的值（例如：座號 1 答案 D），寫入清單。

> **Step 5** 按 ●外觀 與 ●運算，角色 Panda 同步說出：「座號 1」與「答案 D」。

> **Step 6** 按 ●事件 與 ●變數，拖曳下圖積木，點擊綠旗，刪除清單的所有資料項目。

> **Step 7** 點選 設備 ，按 ⬆上傳 ，將程式上傳到 Halocode。

> **Step 8** 點選 檔案 > 儲存到您的電腦 ，輸入檔案名稱，再按 存檔 。

六 區域網路廣播

當學生的 Halocode 啟動時，申請加入區域網路。當按下 Halocode 按鈕，在區域網路上廣播「座號」訊息、當觸摸 0～3 廣播 A～D 答案。

Step 1 連接另一個 Halocode，並與電腦連線，設定為上傳模式。

Step 2 點選 檔案 > 建立新專案，按 區域網路，拖曳 加入 mesh1 區網，輸入「A」，加入學生的區域網路。

Step 3 按 照明，拖曳下圖積木，Halocode 啟動時先關閉 LED，加入區域網路成功之後，亮紅色 LED。

Step 4 按 事件、區域網路 與 照明，拖曳下圖積木，當按下 Halocode 按鈕，在區域網路上廣播「座號」，並輸入座號「1」，輸入完成亮綠色 LED。

Step 5 按 事件、區域網路 與 照明，拖曳下圖積木，當觸摸 0 時，廣播答案 A、當觸摸 1 時，廣播答案 B、當觸摸 2 時，廣播答案 C、當觸摸 3 時，廣播答案 D。

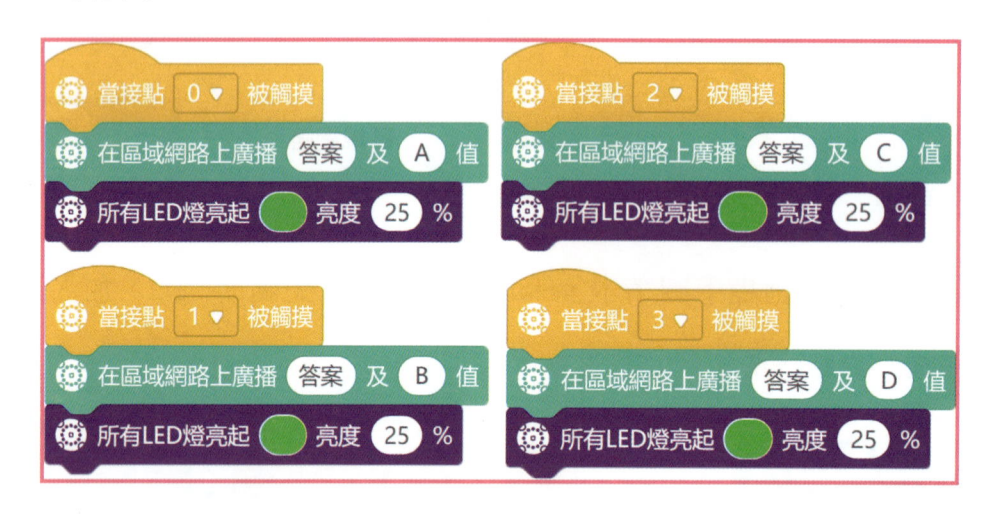

Step 6 點選 上傳，將程式上傳到 Halocode。

Step 7 點選 檔案 > 儲存到您的電腦，輸入檔案名稱，再按 存檔。

Step 8 點選 檔案 > 從電腦打開，開啟老師端程式，將「設備」設定為「上傳模式」、點選 角色，點擊 ▶。學生端重新啟動 Halocode，按下按鈕、再觸摸 0～3 分別傳送答案。檢查老師端角色清單是否顯示座號與答案，同時，Panda 也說出：「座號 2」與「答案 C」。

註 區域網路由老師端設定，因此，先啟動老師端的 Halocode 電源，再啟動學生端的 Halocode 電源才能正確發送資訊。如果學生端提早啟動，先關閉電源，再重新開啟。

Chapter 8　課後練習

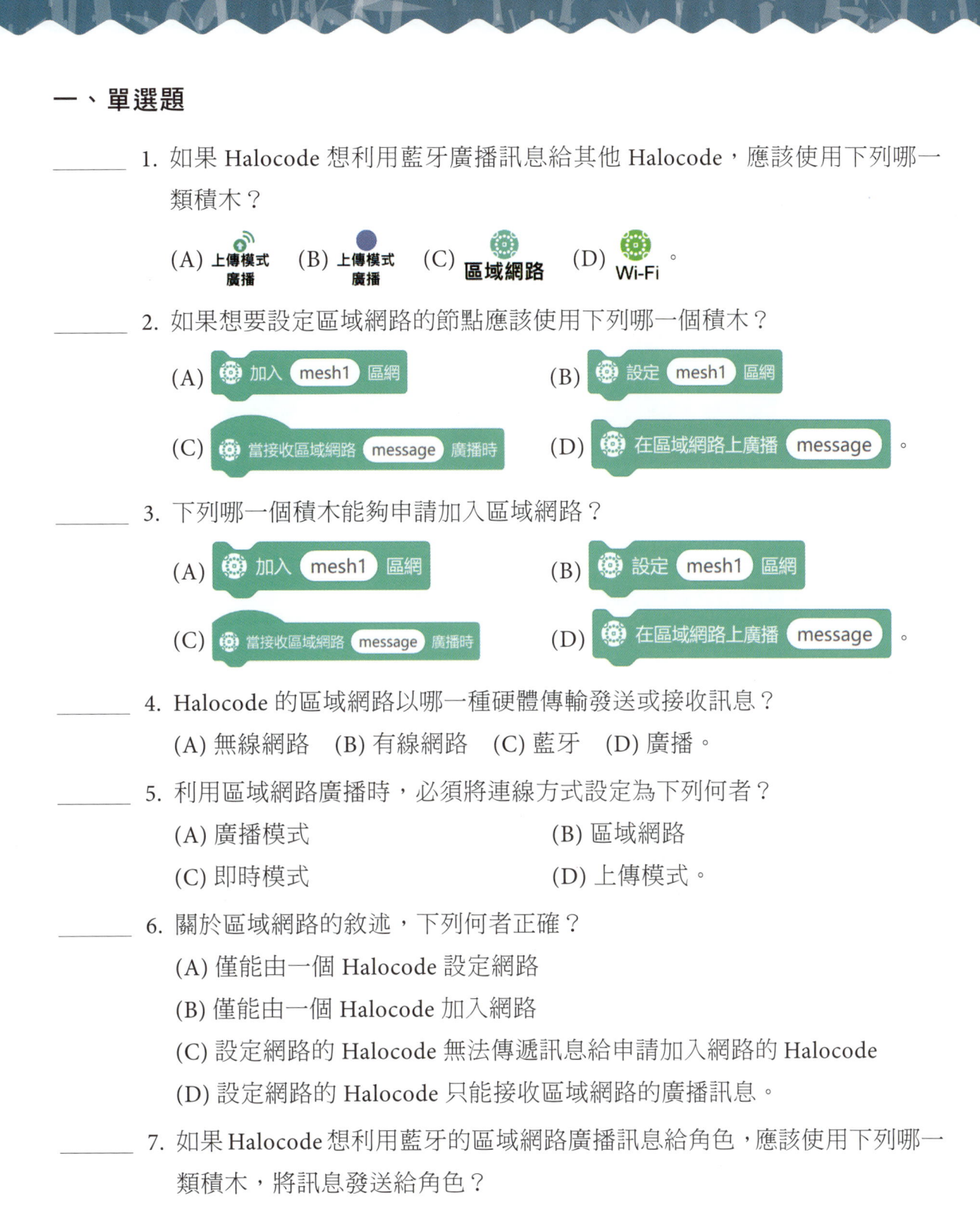

一、單選題

_____ 1. 如果 Halocode 想利用藍牙廣播訊息給其他 Halocode，應該使用下列哪一類積木？

　　(A) 上傳模式廣播　(B) 上傳模式廣播　(C) 區域網路　(D) Wi-Fi。

_____ 2. 如果想要設定區域網路的節點應該使用下列哪一個積木？

　　(A) 加入 mesh1 區網　(B) 設定 mesh1 區網

　　(C) 當接收區域網路 message 廣播時　(D) 在區域網路上廣播 message。

_____ 3. 下列哪一個積木能夠申請加入區域網路？

　　(A) 加入 mesh1 區網　(B) 設定 mesh1 區網

　　(C) 當接收區域網路 message 廣播時　(D) 在區域網路上廣播 message。

_____ 4. Halocode 的區域網路以哪一種硬體傳輸發送或接收訊息？

　　(A) 無線網路　(B) 有線網路　(C) 藍牙　(D) 廣播。

_____ 5. 利用區域網路廣播時，必須將連線方式設定為下列何者？

　　(A) 廣播模式　　　　　　　(B) 區域網路

　　(C) 即時模式　　　　　　　(D) 上傳模式。

_____ 6. 關於區域網路的敘述，下列何者正確？

　　(A) 僅能由一個 Halocode 設定網路

　　(B) 僅能由一個 Halocode 加入網路

　　(C) 設定網路的 Halocode 無法傳遞訊息給申請加入網路的 Halocode

　　(D) 設定網路的 Halocode 只能接收區域網路的廣播訊息。

_____ 7. 如果 Halocode 想利用藍牙的區域網路廣播訊息給角色，應該使用下列哪一類積木，將訊息發送給角色？

　　(A) 上傳模式廣播　(B) 上傳模式廣播　(C) 區域網路　(D) Wi-Fi。

_____ 8. 當角色接收到 Halocode 從區域網路發送的訊息時，應該使用下列哪一類積木，接收 Halocode 的發送的訊息內容？

(A) 區域網路　(B) 上傳模式廣播　(C) 上傳模式廣播　(D) Wi-Fi。

_____ 9. 下圖積木執行結果的敘述，何者正確？

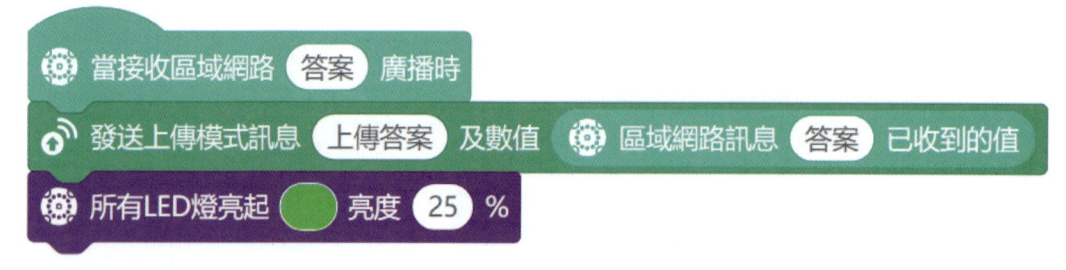

```
當接收區域網路 答案 廣播時
發送上傳模式訊息 上傳答案 及數值 區域網路訊息 答案 已收到的值
所有LED燈亮起 ● 亮度 25 %
```

(A) 教師端以上傳模式發送答案
(B) 學生端以區域網路發送答案
(C) 教師端以區域網路接收學生端發送的答案廣播
(D) 學生端以上傳模式發送答案。

_____ 10. 下圖積木執行結果的敘述，何者正確？

```
當收到上傳模式訊息 上傳答案
添加 上傳模式訊息 上傳答案 數值 到清單 答案▼
說 組合字串 答案 和 上傳模式訊息 上傳答案 數值
```

(A) 角色以上傳模式發送「上傳答案」給 Halocode
(B) Halocode 以上傳模式發送「上傳答案」給 Halocode
(C) Halocode 收到上傳模式傳送的數值，將「上傳答案」寫到「答案」清單中
(D) 角色收到上傳模式傳送的數值，將「上傳答案」寫到「答案」清單中。

二、實作題

1. 請延伸互傳訊息程式。當教師的角色（Panda）說出「答案」時，發送上傳模式訊息「上傳答案完成」給 Halocode。當 Halocode 收到「上傳答案完成」時，亮彩色 LED，1 秒之後關閉 LED。

2. 接續前一題，當 Halocode 收到「上傳答案完成」亮彩色 LED 之後，再在區域網路廣播「上傳答案完成」給學生端 Halocode。當學生端 Halocode 收到「上傳答案完成」的區域網路廣播時，亮彩色 LED，1 秒之後關閉 LED。

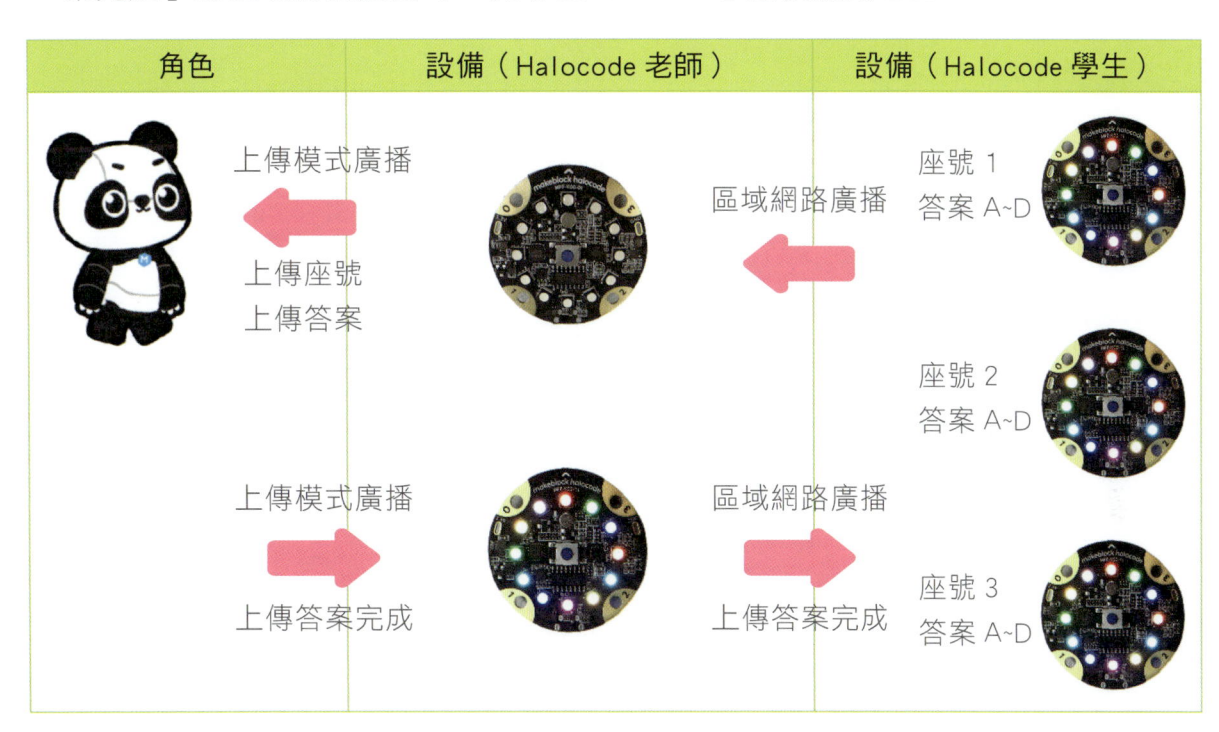

角色	設備（Halocode 老師）	設備（Halocode 學生）
Panda　上傳模式廣播 ←　上傳座號　上傳答案		區域網路廣播 ←　座號 1　答案 A~D
		座號 2　答案 A~D
上傳模式廣播 →　上傳答案完成		區域網路廣播 →　上傳答案完成　座號 3　答案 A~D

Chapter 9

Halocode 遙控 mBot 賽車

9-1 「Halocode 遙控 mBot」專題規劃
9-2 Halocode 連接無線網路
9-3 Halocode 發送雲訊息
9-4 角色接收雲訊息
9-5 mBot 接收廣播移動

本章學習目標

1. 能夠應用 Halocode 發送雲訊息給角色。
2. 能夠應用角色廣播訊息給 mBot。
3. 能夠應用 Halocode 遙控 mBot。

本章利用 Halocode 連接無線網路 (WiFi)，無線遙控 mBot 賽車前進、後退、左轉、右轉等動作。

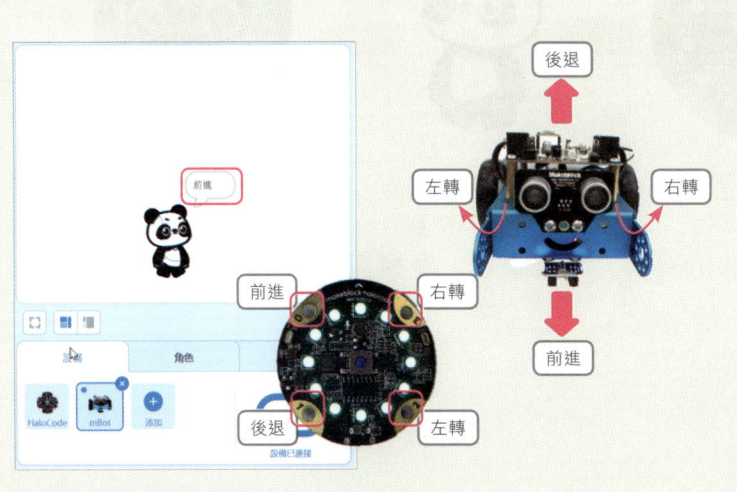

▲ 上傳模式

9-1 「Halocode 遙控 mBot」專題規劃

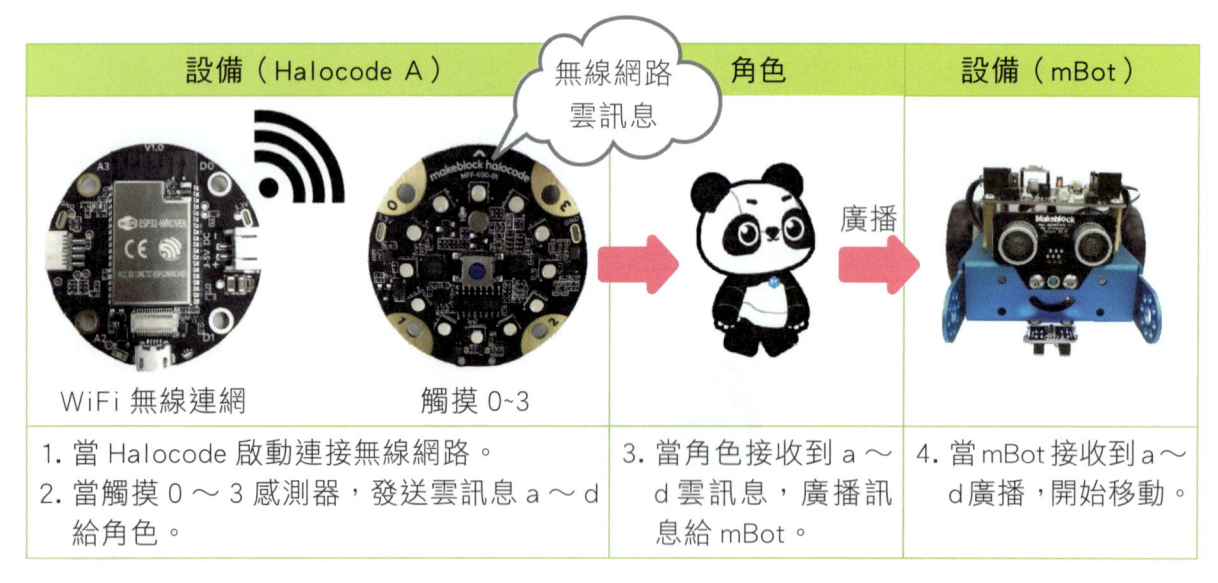

本章將利用 Halocode 內建的無線網路（WiFi），設計 Halocode 遙控 mBot。

當 Halocode 連接無線網路時，觸摸 Halocode 的 0～3，發送雲訊息給角色。當角色接收到雲訊息，廣播前進、後退、左轉、右轉等動作給 mBot 執行。

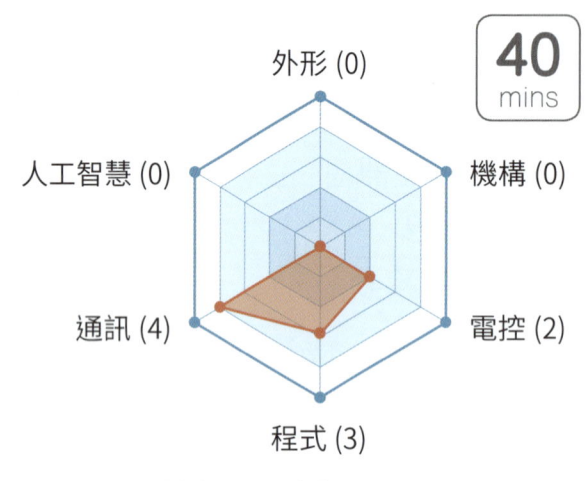

40 mins

- 創客指標 -

外形	0
機構	0
電控	2
程式	3
通訊	4
人工智慧	0
創客總數	9

創客題目編號：A027018

一、「Halocode 遙控 mBot」專題規劃

設備（Halocode A）	無線網路雲訊息	角色	設備（mBot）
WiFi 無線連網　　觸摸 0~3		廣播	
1. 當 Halocode 啟動連接無線網路。 2. 當觸摸 0～3 感測器，發送雲訊息 a～d 給角色。		3. 當角色接收到 a～d 雲訊息，廣播訊息給 mBot。	4. 當 mBot 接收到 a～d 廣播，開始移動。

▣ Halocode 遙控 mBot 互動流程

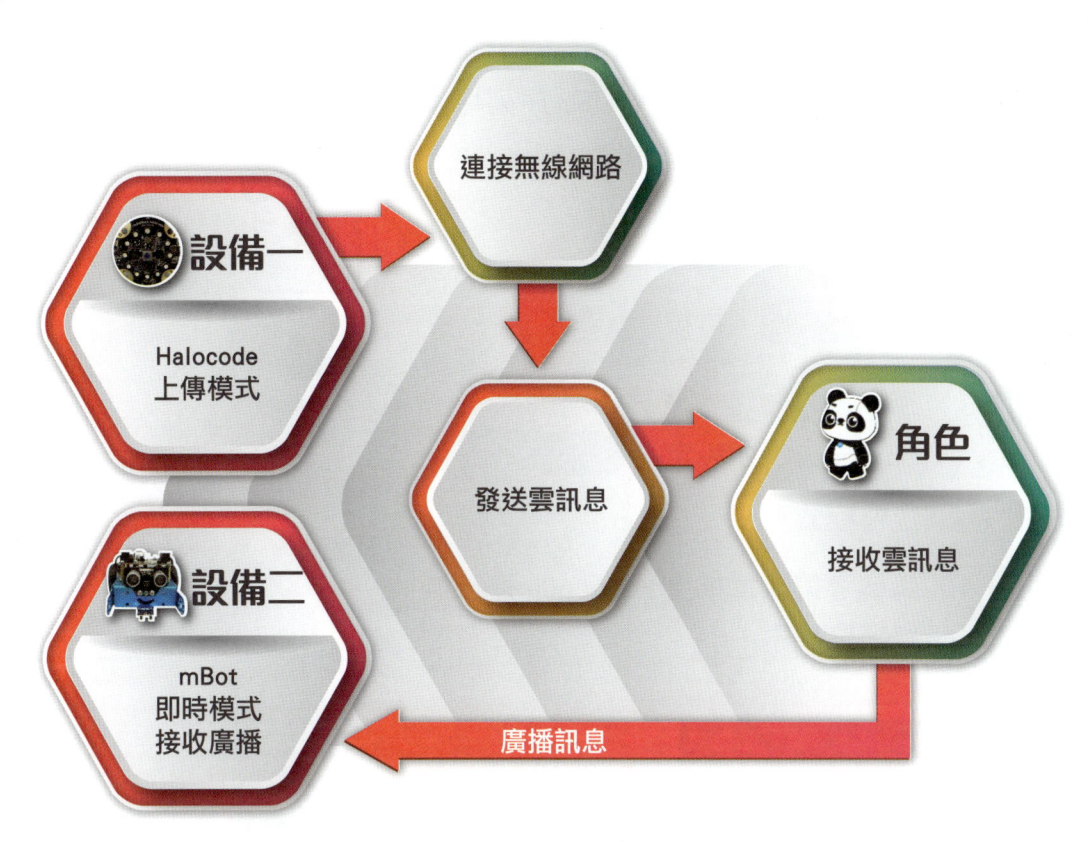

```
設備一              連接無線網路
Halocode                ↓
上傳模式           發送雲訊息  →  角色
                                  接收雲訊息
設備二
mBot              ← 廣播訊息
即時模式
接收廣播
```

▣ 角色使用者雲訊息積木

當 Halocode 連接無線網路時，能夠利用無線網路發送雲訊息給角色。角色利用電腦網路連線，以使用者雲訊息接收 Halocode 發送的訊息。

設備	積木類別	積木與功能	
電腦連接網路	使用者雲訊息	發送使用者雲訊息 message	發送使用者雲訊息。
		發送使用者雲訊息 message 及數值 1	發送使用者雲訊息與數值。
		當我收到使用者雲訊息 message	當接收到使用者雲訊息時，開始執行。
		使用者雲訊息 message 數值	傳回接收到使用者雲訊息的數值。

小試身手 1　Halocode 發送雲訊息給角色

Step 1 將 Halocode 的 Micro USB 序列埠與電腦的 USB 連接，開啟 mBlock 5。

Step 2 在「設備」按 ➕添加，點選 Halocode ，再按 確認 。

Step 3 按 連接 ，將電腦連接 Halocode，並設定為 上傳 模式。

Step 4 請參考第六章拖曳 Halocode 連接無線網路積木。

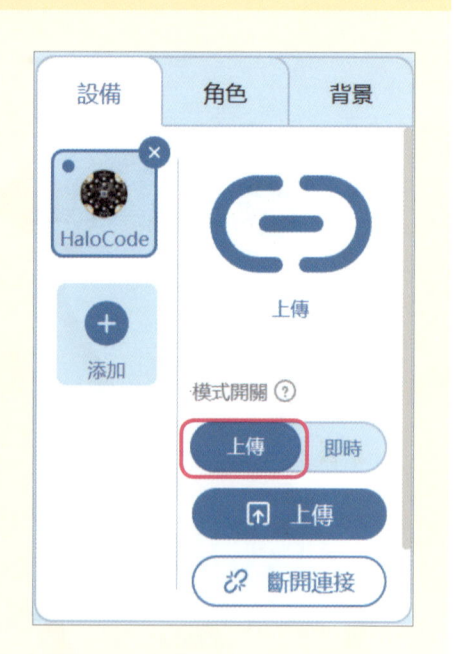

Step 5 按 事件、Wi-Fi 與 照明，拖曳下圖積木，連接無線網路之後，觸摸 0 發送雲訊息 520，同時亮紅色 LED1 秒後關閉。

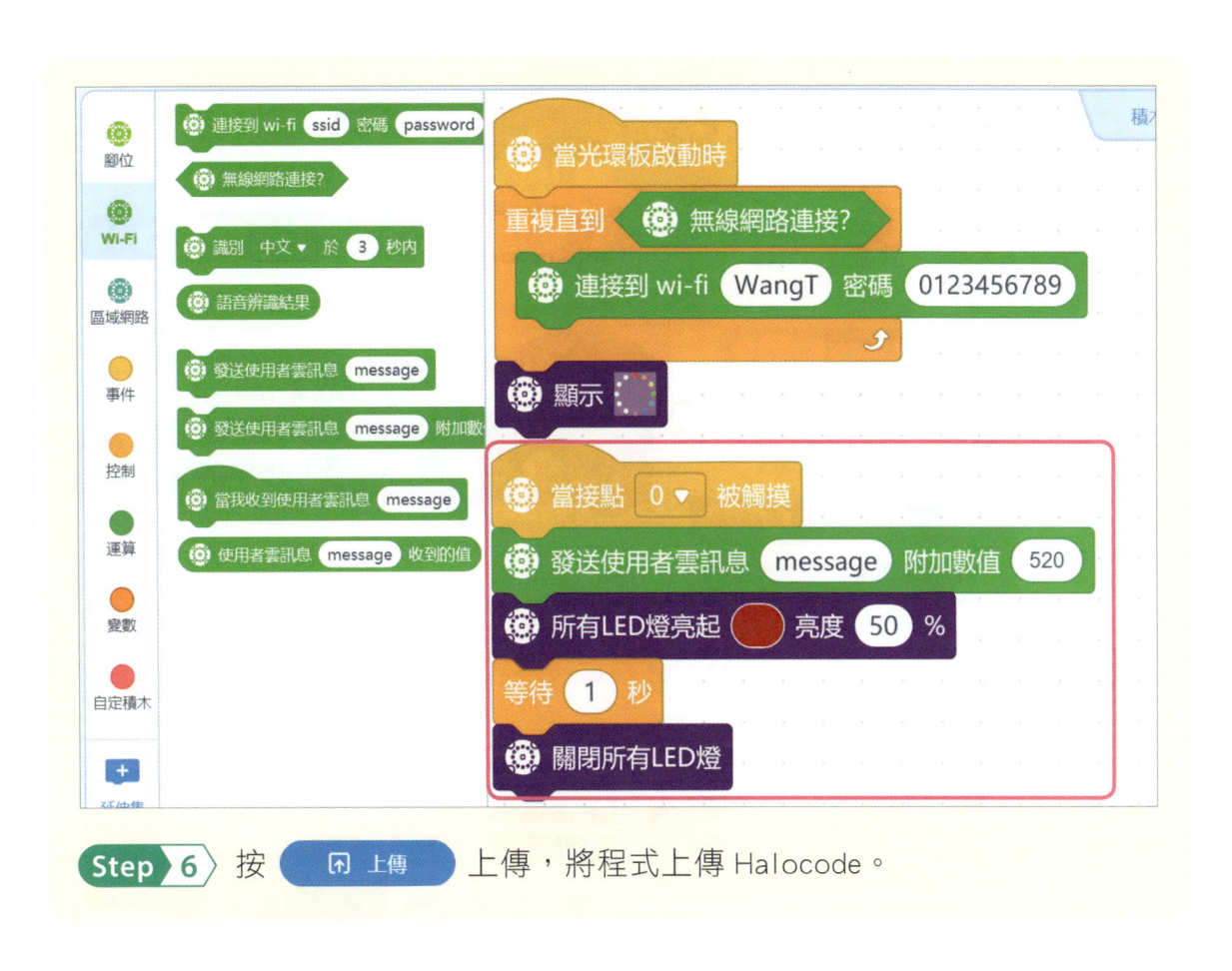

Chapter 9　Halocode 遙控 mBot 賽車

Step 6　按 ⬆上傳 上傳，將程式上傳 Halocode。

小試身手 2　角色接收雲訊息

Step 1　點選 角色 ，按 ➕延伸集 ，點選「使用者雲訊息」。

175

Step 2 點選 使用者雲訊息，拖曳 當我收到使用者雲訊息 message 。

Step 3 點選 外觀 與 使用者雲訊息，拖曳 說 你好! 與 使用者雲訊息 message 數值 。

Step 4 當 Halocode 連接無線網路之後，觸摸 0，檢查角色 Panda 是否說：「520」。

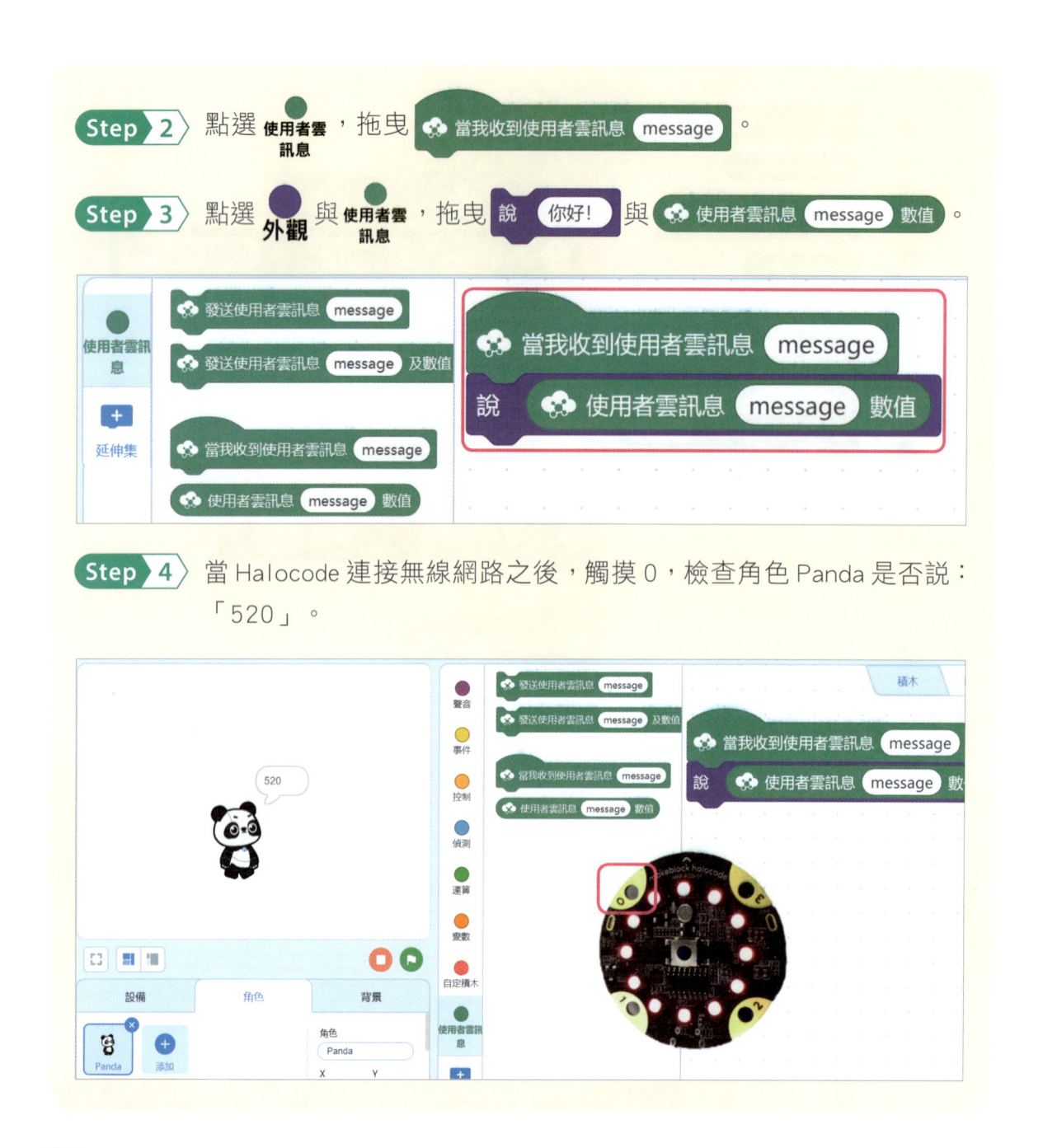

註：使用者雲訊息的功能與上傳模式廣播的功能相同，只是傳輸的硬體設備不同，前者使用無線網路，後者使用藍牙。

9-2 Halocode 連接無線網路

當按下 Halocode 按鈕時，Halocode 利用內建的無線網路連接網路。

Step 1 連接 Halocode 與電腦，並設定為「上傳模式」。

Step 2 按 Halocode，點選 **事件** 與 **Wi-Fi**，拖曳下圖積木，Halocode 先 LED 亮紅燈，連接無線網路時，LED 亮綠燈。

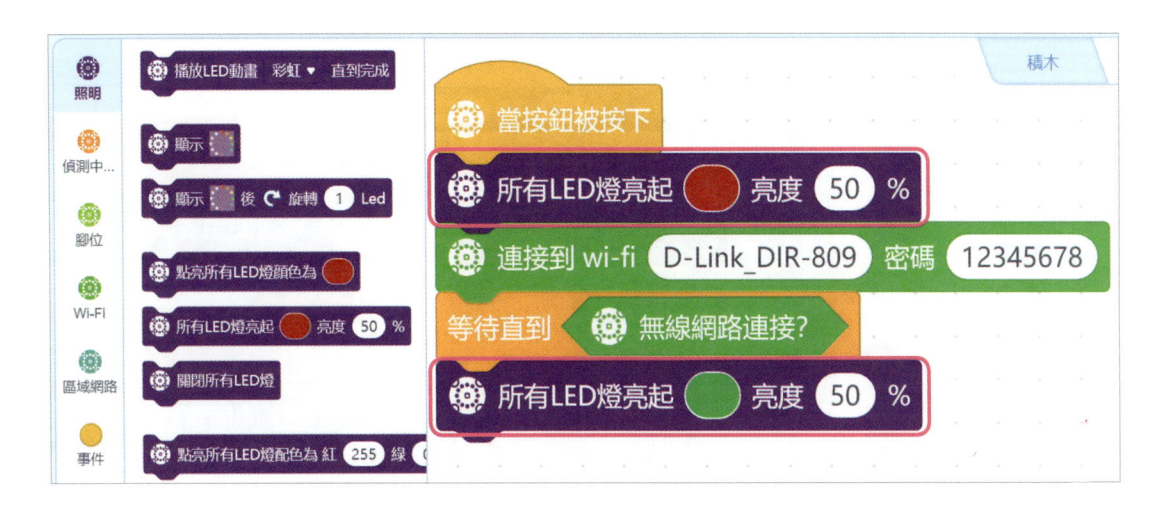

9-3 Halocode 發送雲訊息

Halocode 連接無線網路之後，觸摸 Halocode 的 0～3，發送 A～D 使用者雲訊息給角色。

Step 1 點選 事件 與 Wi-Fi，拖曳下圖積木，觸摸 Halocode 的 0，發送 A 使用者雲訊息給角色；當觸摸 1、發送 B；當觸摸 2、發送 C；當觸摸 3、發送 D。

Step 2 點擊上傳，將程式上傳到 Halocode。

9-4 角色接收雲訊息

角色接收雲訊息「A～D」時，廣播前進、後退、左轉、右轉訊息給 mBot 接收。

Step 1 點選 Panda 角色 延伸集，按，在「使用者雲訊息」按 添加 > 確認 。

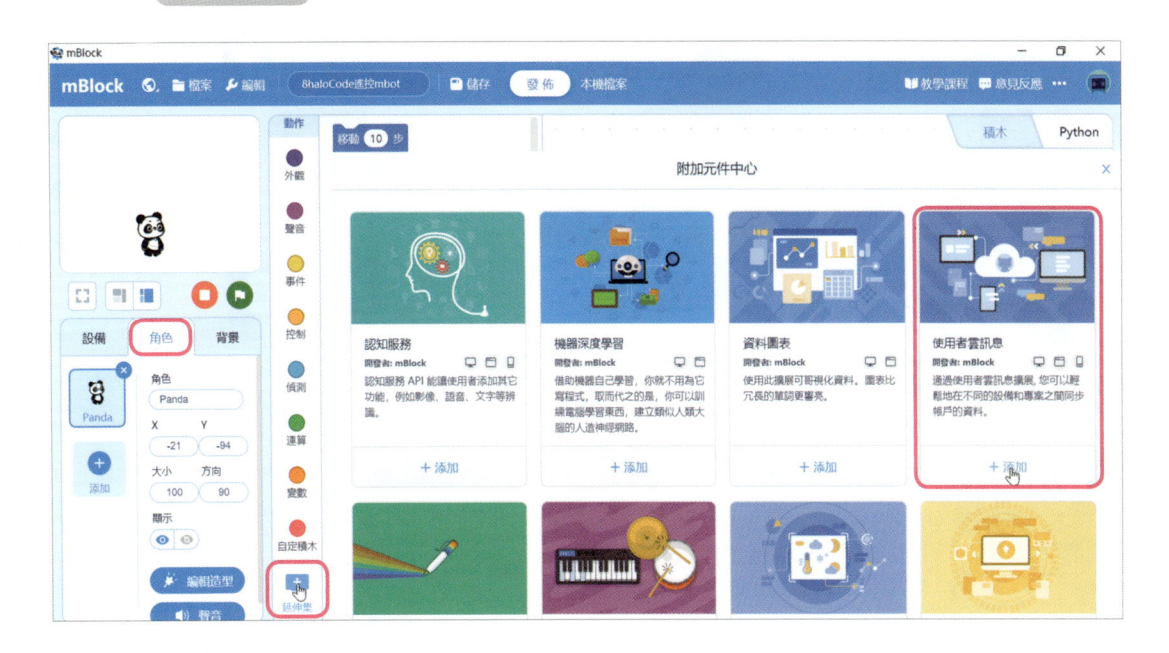

Step 2 按 事件 與 使用者雲訊息，拖曳下圖積木，當角色接收到 A～D 的使用者雲訊息，廣播前進、後退、左轉與右轉。

Step 3 按 外觀，拖曳下圖積木，當角色廣播訊息時，舞台的 Panda 同步說出前進、後退、左轉或右轉。

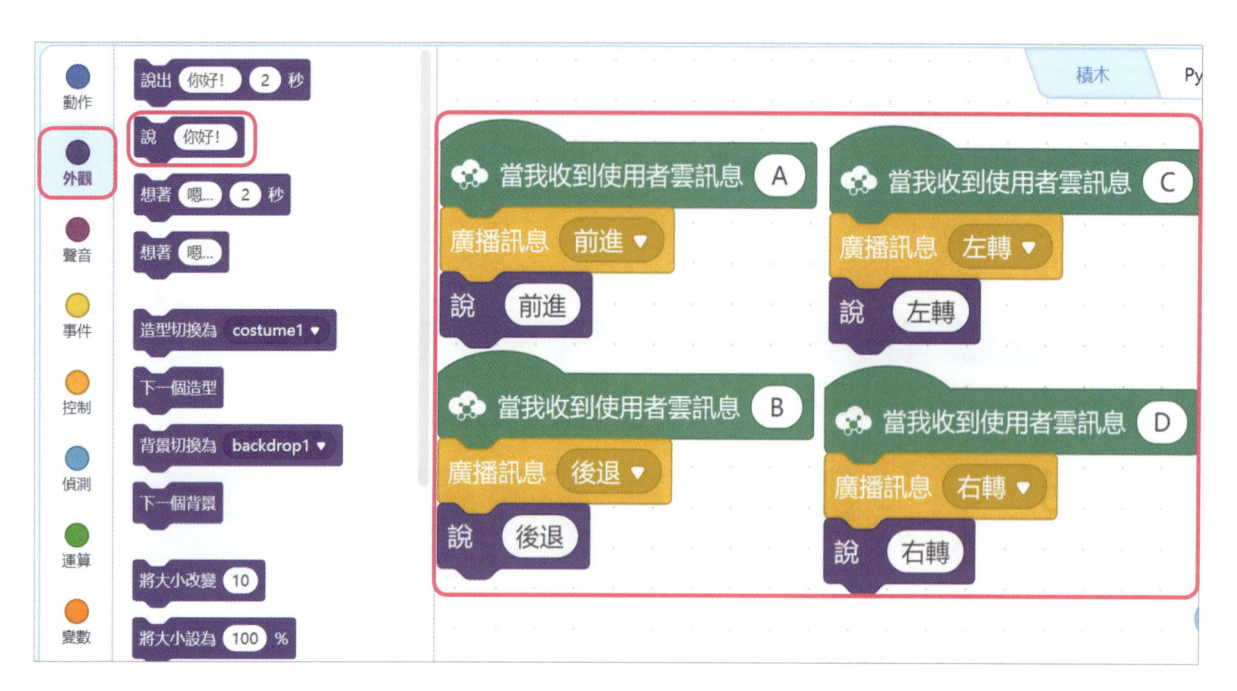

Step 4 將 Halocode 連接電源，並連接無線網路，當 Halocode 顯示綠色 LED 時，觸摸 0～3，檢查 Panda 是否說出：「前進、後退、左轉或右轉」。

9-5　mBot 接收廣播移動

Step 1　在 HaloCode，點選 斷開連接 斷開連線，結束 Halocode 與 mBlock5 連線。

Step 2　按 添加，點選 mBot，再按 確認。

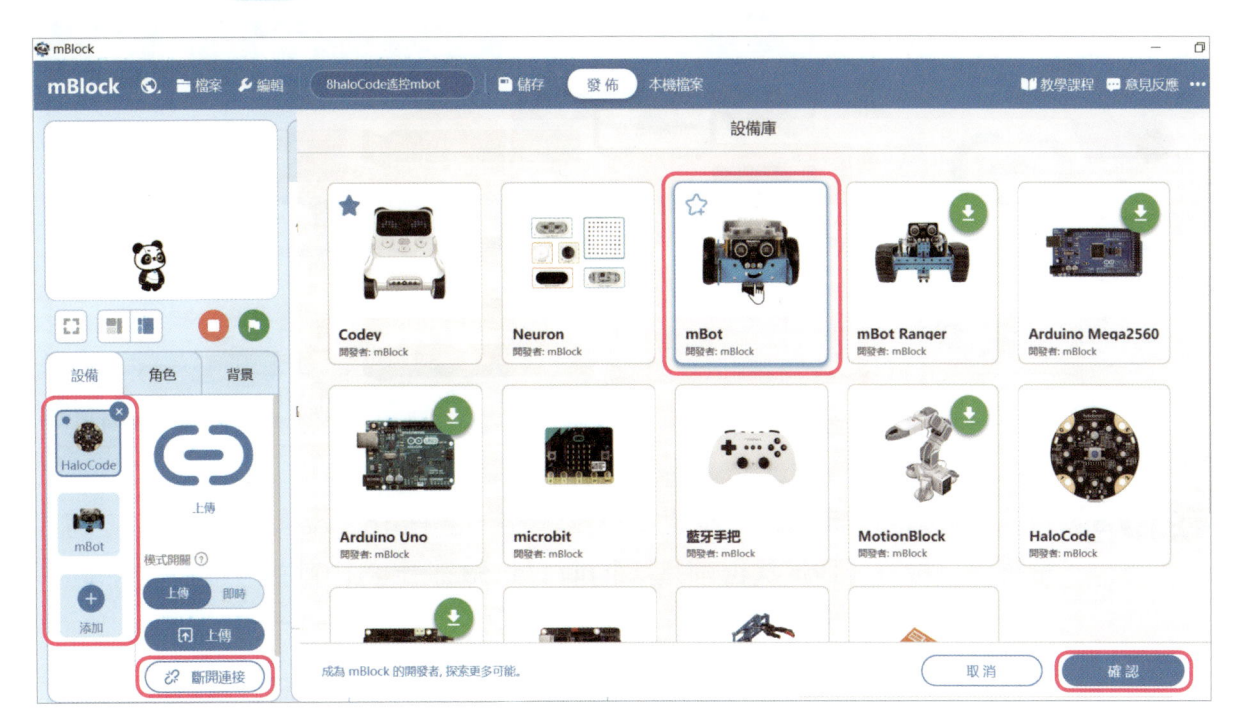

Step 3　點選 mBot，按 連接，連接電腦與 mBot，並設定為「即時模式」。

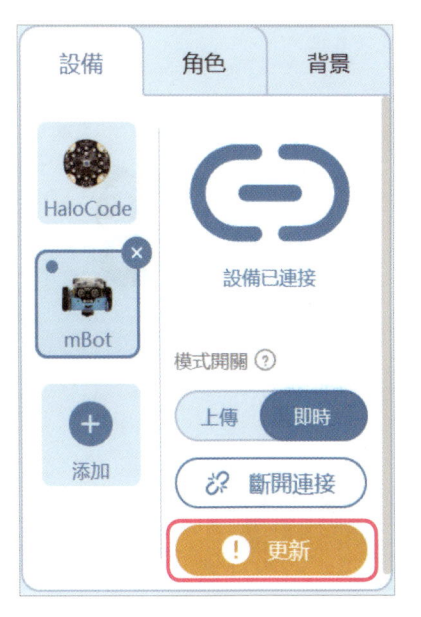

> 註：連接 mBot 之後，如果出現「更新 > 更新韌體 > 線上更新韌體」，請先更新 mBot 韌體，再重新連接。

用主題範例學運算思維與程式設計

Step 4 按 🟡事件 與 🔵運動，拖曳下圖積木，當 mBot 接收到廣播訊息，開始前進、後退、左轉或右轉 1 秒後停止。

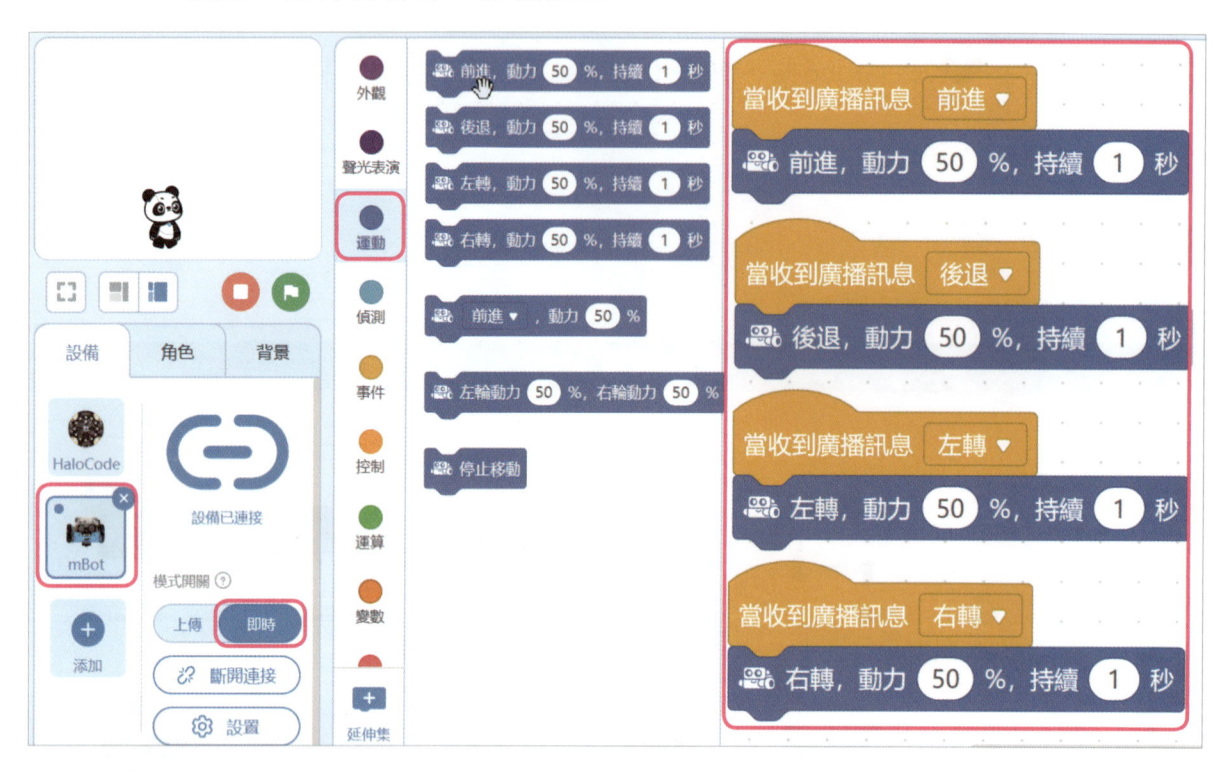

Step 5 將 Halocode 連接電源，並連接無線網路，當 Halocode 顯示綠色 LED 時，觸摸 0，檢查 mBot 是否前進，同時 Panda 說出：「前進」。

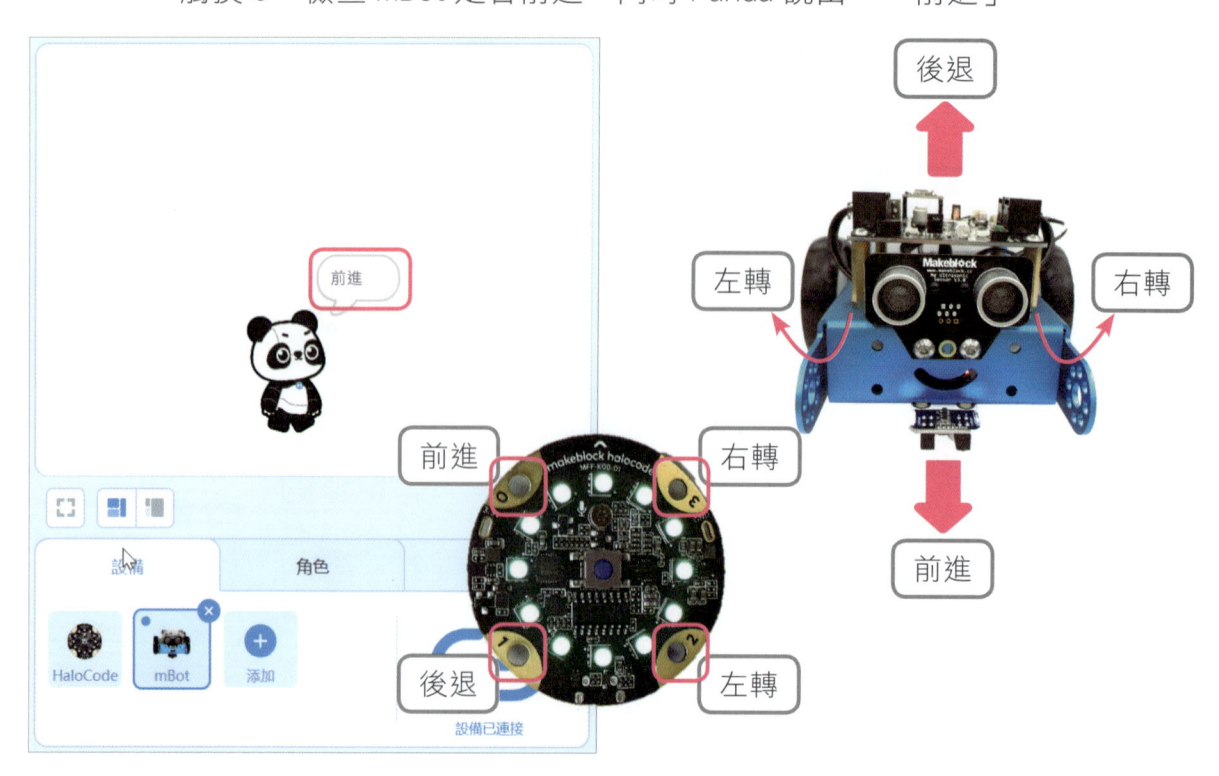

Chapter 9　課後練習

一、單選題

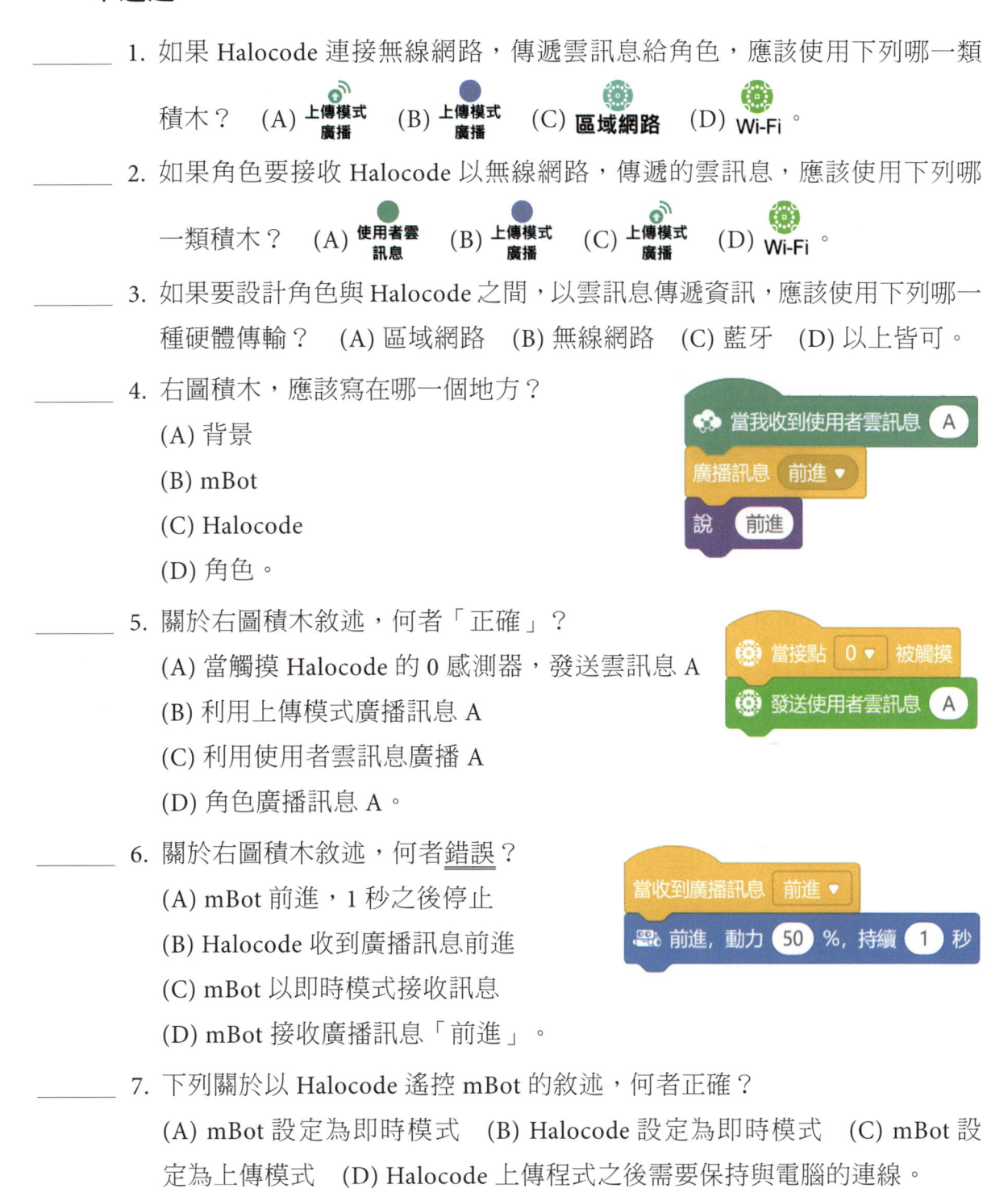

_____ 1. 如果 Halocode 連接無線網路，傳遞雲訊息給角色，應該使用下列哪一類積木？　(A) 上傳模式廣播　(B) 上傳模式廣播　(C) 區域網路　(D) Wi-Fi。

_____ 2. 如果角色要接收 Halocode 以無線網路，傳遞的雲訊息，應該使用下列哪一類積木？　(A) 使用者雲訊息　(B) 上傳模式廣播　(C) 上傳模式廣播　(D) Wi-Fi。

_____ 3. 如果要設計角色與 Halocode 之間，以雲訊息傳遞資訊，應該使用下列哪一種硬體傳輸？　(A) 區域網路　(B) 無線網路　(C) 藍牙　(D) 以上皆可。

_____ 4. 右圖積木，應該寫在哪一個地方？
(A) 背景
(B) mBot
(C) Halocode
(D) 角色。

_____ 5. 關於右圖積木敘述，何者「正確」？
(A) 當觸摸 Halocode 的 0 感測器，發送雲訊息 A
(B) 利用上傳模式廣播訊息 A
(C) 利用使用者雲訊息廣播 A
(D) 角色廣播訊息 A。

_____ 6. 關於右圖積木敘述，何者錯誤？
(A) mBot 前進，1 秒之後停止
(B) Halocode 收到廣播訊息前進
(C) mBot 以即時模式接收訊息
(D) mBot 接收廣播訊息「前進」。

_____ 7. 下列關於以 Halocode 遙控 mBot 的敘述，何者正確？
(A) mBot 設定為即時模式　(B) Halocode 設定為即時模式　(C) mBot 設定為上傳模式　(D) Halocode 上傳程式之後需要保持與電腦的連線。

183

_____ 8. 如果想設計讓 mBot 前進、後退、左轉或右轉，應該使用下列哪一類積木？

(A) 外觀 (B) 動作 (C) 運動 (D) 偵測。

_____ 9. 如果想設計讓角色發送使用者雲訊息，應該使用下列哪一個積木？

(A) 發送使用者雲訊息 message　　(B) 發送上傳模式訊息 message

(C) 在區域網路上廣播 message　　(D) 發送使用者雲訊息 message。

_____ 10. 如果想設計讓 Halocode 接收使用者雲訊息，應該使用下列哪一個積木？

(A) 當收到上傳模式訊息 message　　(B) 當收到上傳模式訊息 message

(C) 當接收區域網路 message 廣播時　　(D) 當我收到使用者雲訊息 message。

二、實作題

1. 請點選設備 mBot 的 當接收區域網路 message 廣播時 ，利用 Halocode 的觸摸感測器，控制 mBot 的 LED，當觸摸 Halocode 的 0～3 感測器時，發送雲訊息 A～D 給角色。當角色接收到 A～D 的雲訊息時，分別廣播「開」、「關」、「左」、「右」4 個訊息。

2. 接續前一題，當 mBot 接收到「開」、「關」、「左」、「右」4 個訊息時，分別開啟全部 LED、關閉全部 LED、亮左側 LED、亮右側 LED。

10 Chapter 當 Halocode 遇上激光寶盒

10-1 認識激光寶盒
10-2 下載並安裝激光寶盒程式
10-3 當 Halocode 遇上激光寶盒

本章學習目標

1. 認識激光寶盒。
2. 能夠下載並安裝激光寶盒程式。
3. 能夠利用激光寶盒切割百變機構。
4. 能夠應用激光寶盒設計 Halocode 百變機構。

本章將認識激光寶盒、下載並安裝激光寶盒程式。利用激光寶盒切割 Halocode 的外型機構，設計 Halocode 的百變造型。

10-1 認識激光寶盒

一 激光寶盒簡介

激光寶盒（Laserbox）屬於智能雷射切割機，它能夠切割紙板、木板、亞克力板、布料、皮革等幾十種材料，具有下列特性：

1 所繪即所得

只要在官方材料上繪圖、放入激光寶盒、點擊按鈕，即可一鍵切割或雕刻，繪圖的作品。

2 智能擷取圖像

將物品放入激光寶盒、點擊按鈕；激光寶盒能夠擷取物品的圖案，並進行切割或雕刻。

3 智能路徑規劃

能夠設定雷射切割的內容為切割或雕刻。

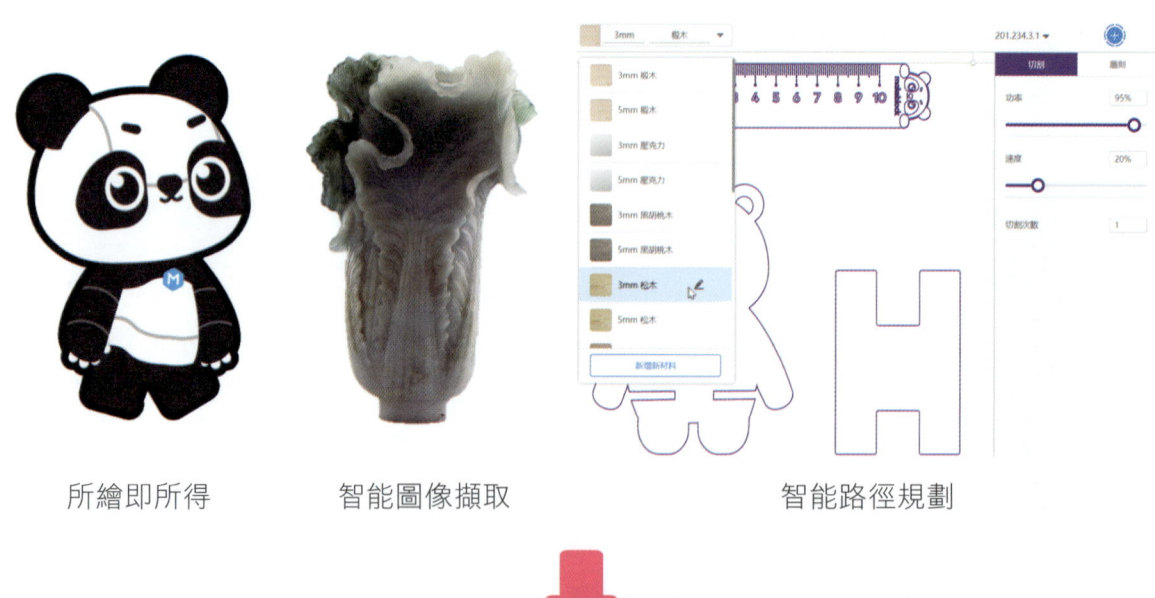

所繪即所得　　　智能圖像擷取　　　　　智能路徑規劃

10-2 下載並安裝激光寶盒程式

本節將下載並安裝激光寶盒程式，並以激光寶盒雷射切割招財貓外型。

Step 1 在網址列輸入「https://www.makeblock.com」，點選 軟件 > 激光箱 ，下載激光寶盒驅動程式。

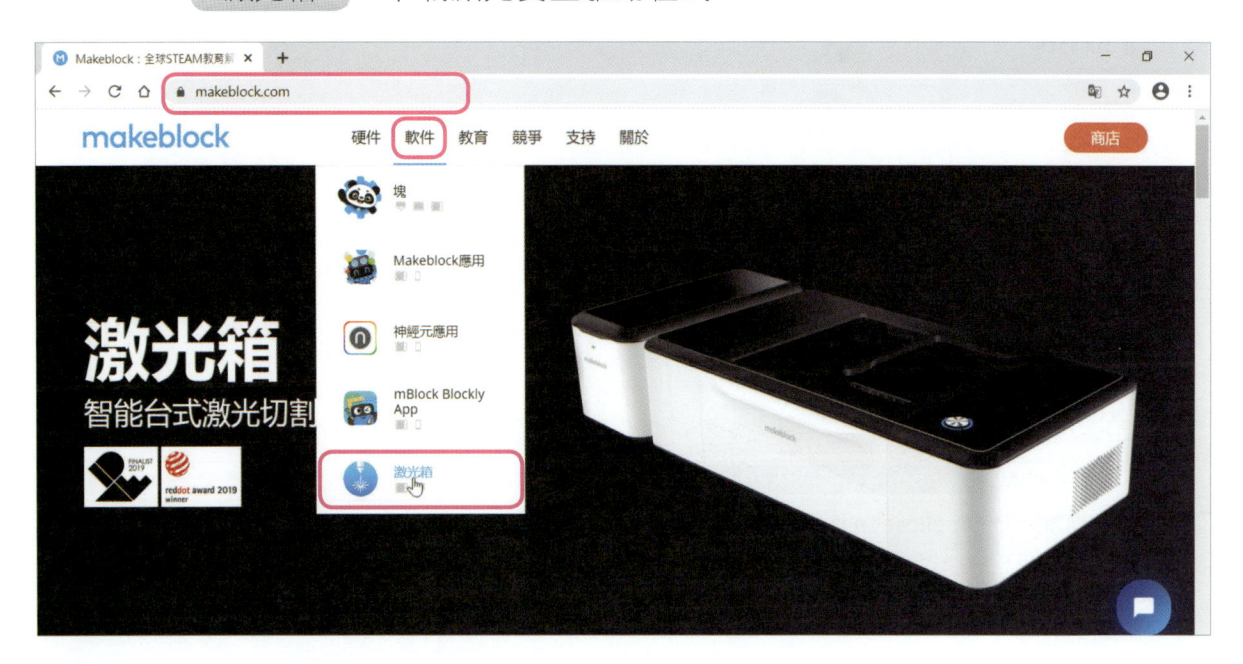

Step 2 點選 Windows下載 。

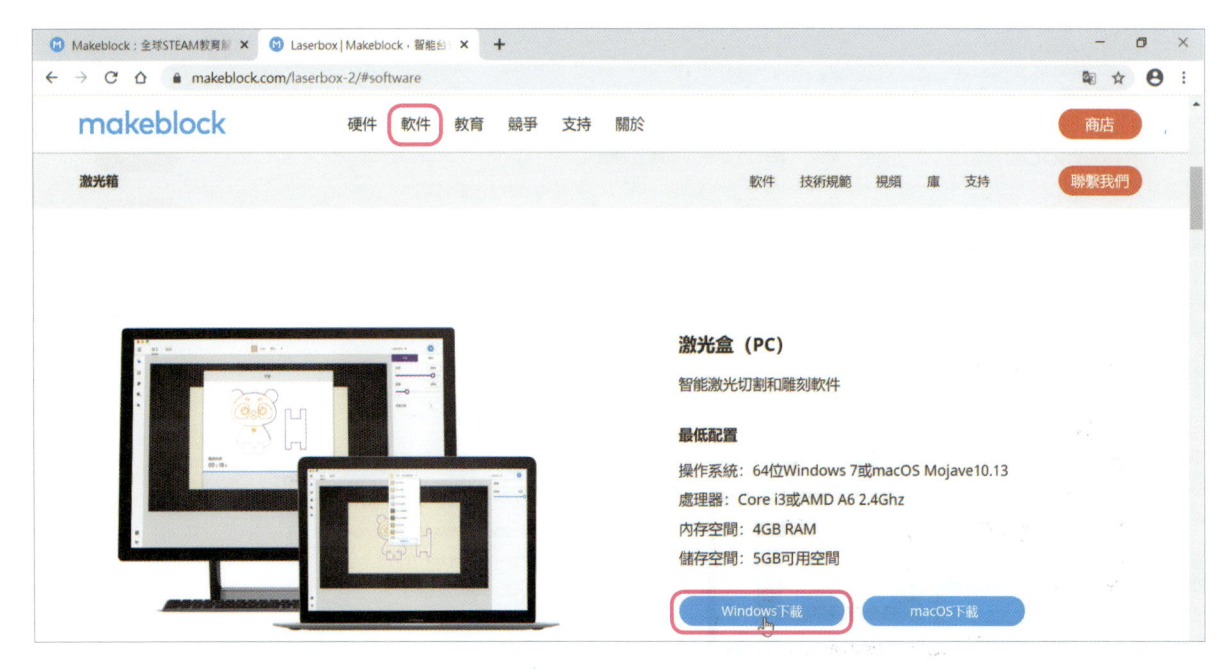

Step 3　點選下載儲存路徑,再按 存檔 。

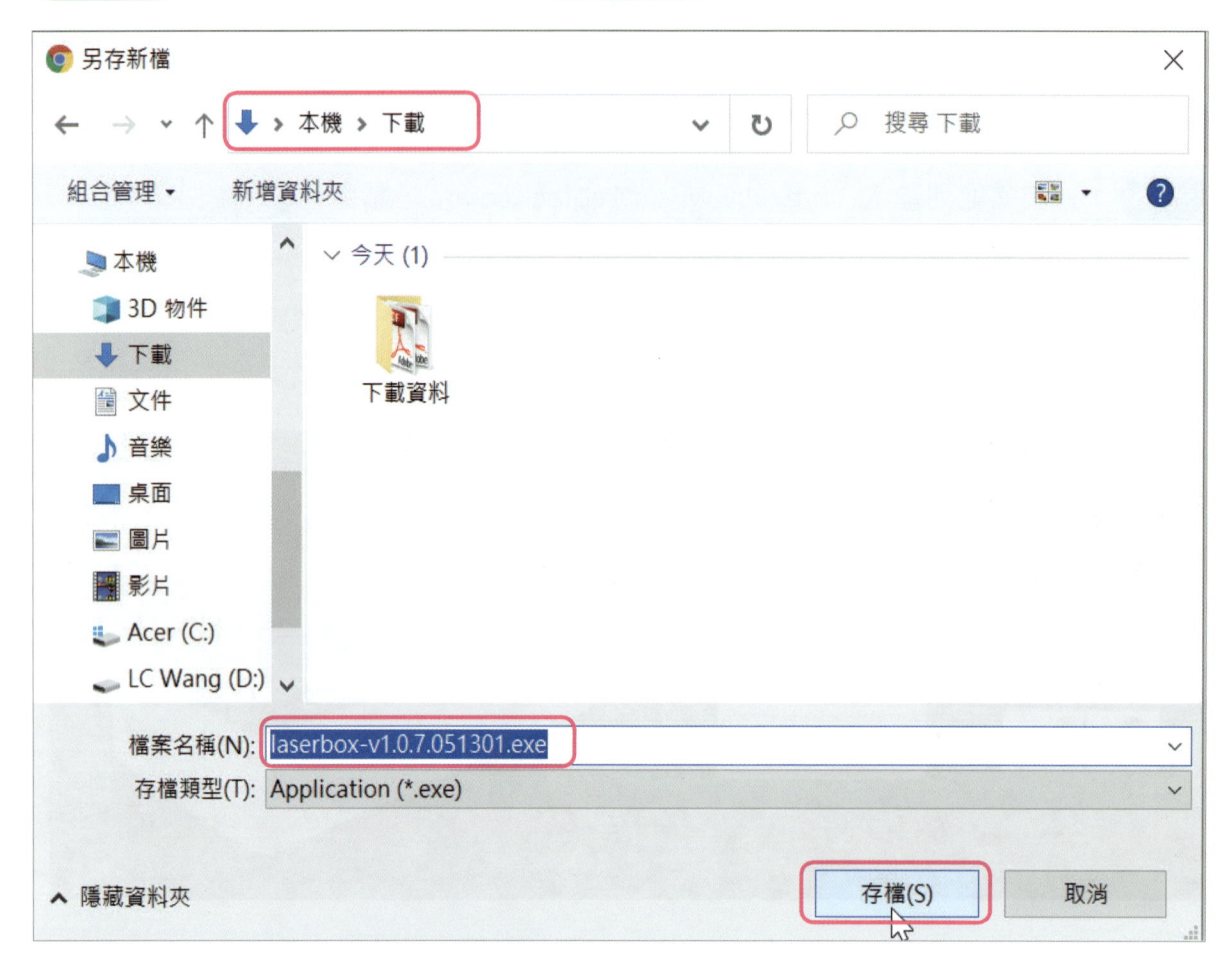

Step 4　下載完成,點選 laserbox-v1.0.7.051301 ,開始安裝。

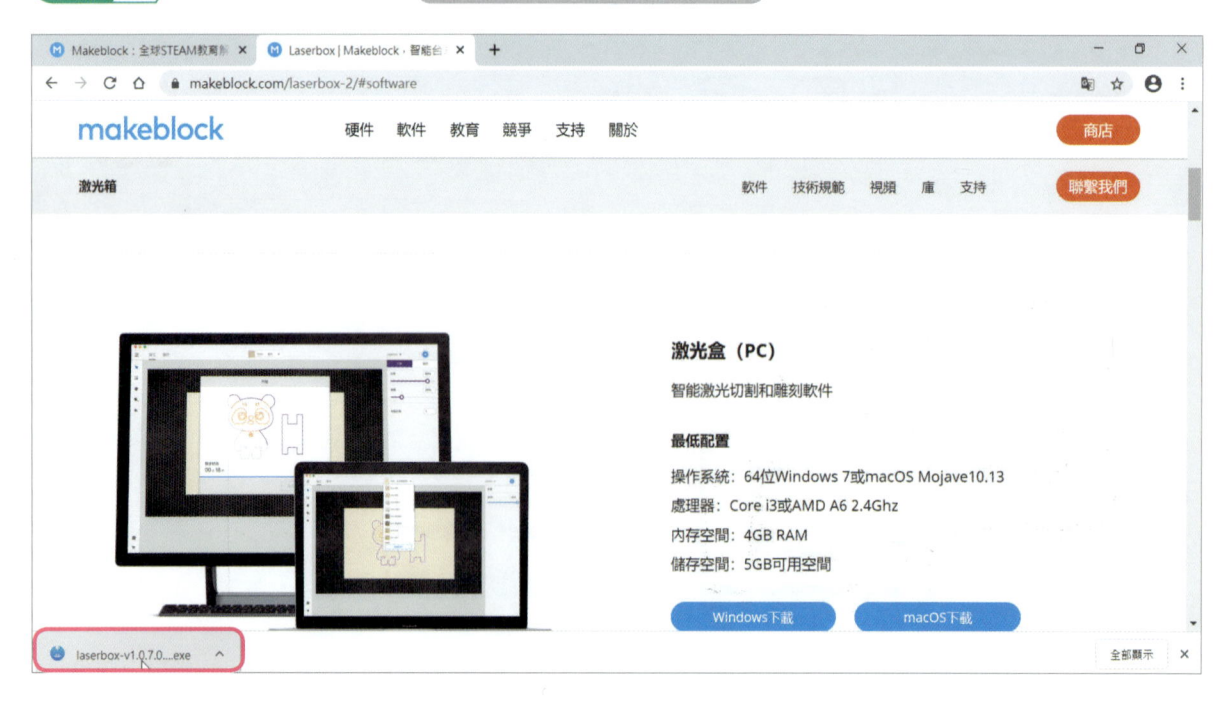

Chapter 10　當 Halocode 遇上激光寶盒

Step 5 點選 是 ，允許 App 變更電腦。

Step 6 按 Next ，在桌面建立捷徑。

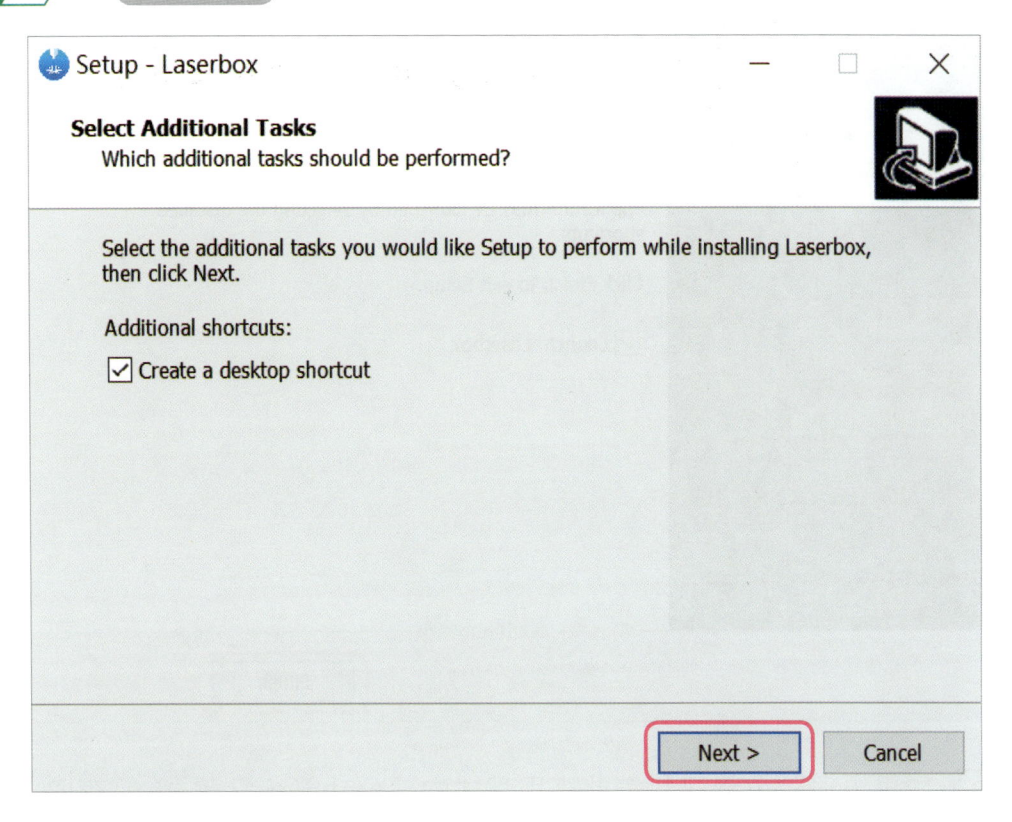

```
Setup - Laserbox                                    —  □  ×

Select Additional Tasks
Which additional tasks should be performed?

Select the additional tasks you would like Setup to perform while installing Laserbox,
then click Next.

Additional shortcuts:
☑ Create a desktop shortcut




                                              Next >      Cancel
```

Step 7 按 Install 開始安裝。

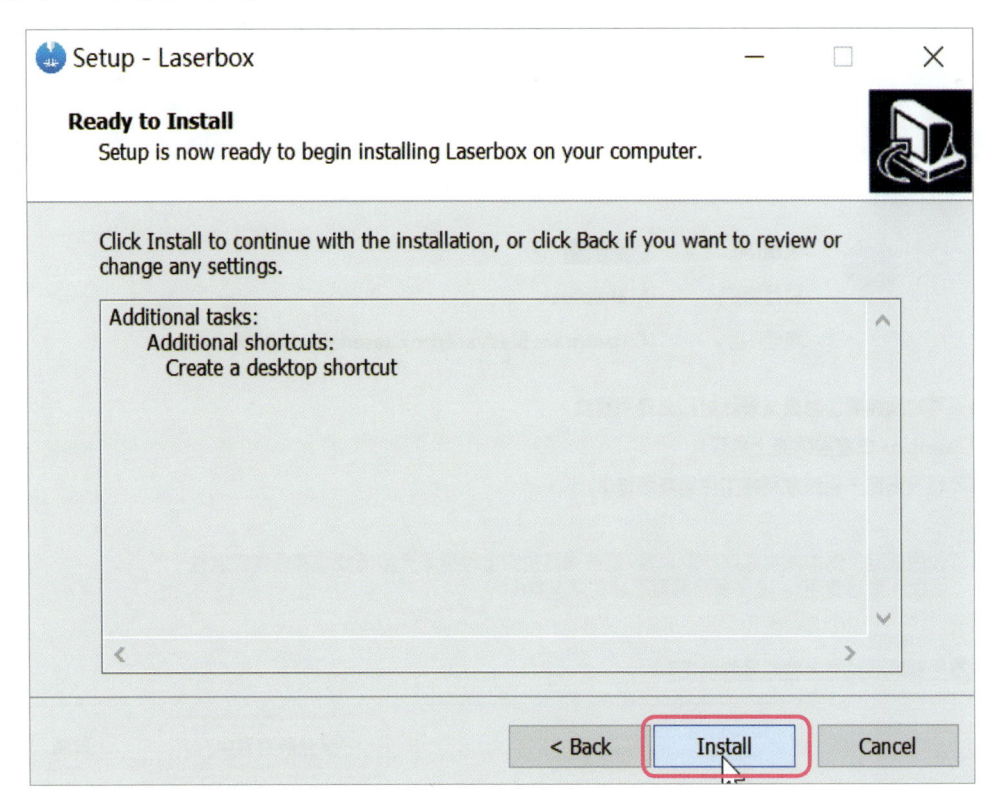

```
Setup - Laserbox                                    —  □  ×

Ready to Install
Setup is now ready to begin installing Laserbox on your computer.

Click Install to continue with the installation, or click Back if you want to review or
change any settings.

Additional tasks:
    Additional shortcuts:
        Create a desktop shortcut




                                    < Back    Install    Cancel
```

189

Step 8 按 Finish ，完成安裝，並啟動激光寶盒。

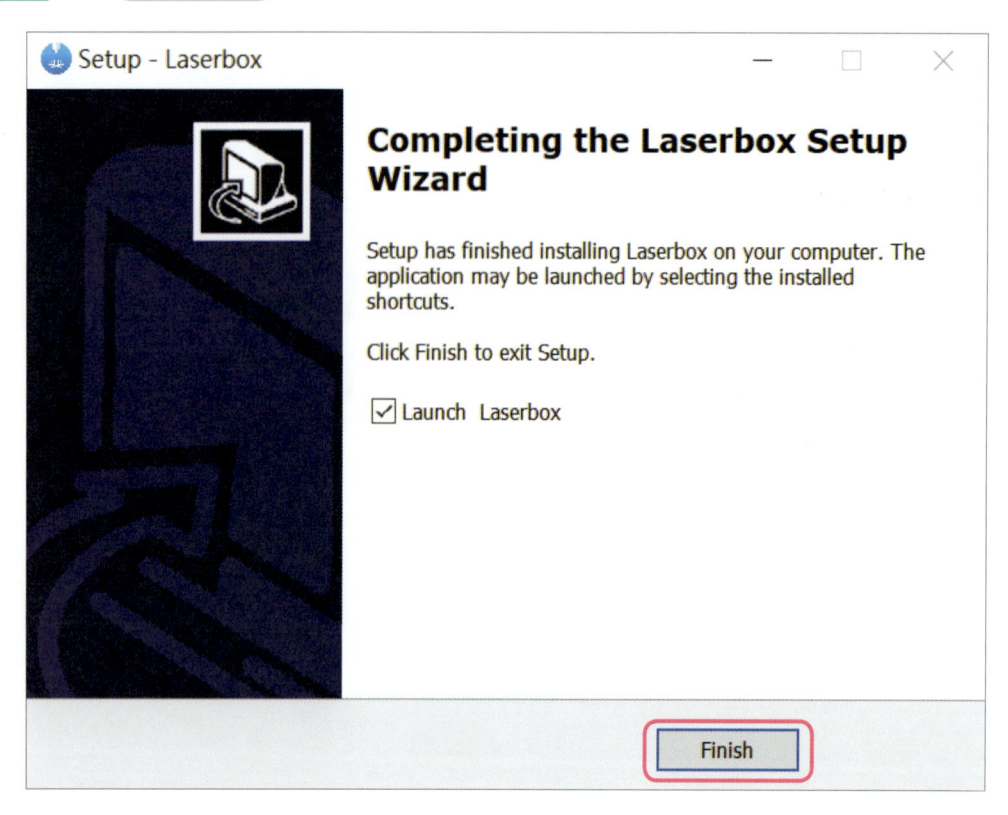

Step 9 如果出現防火牆已封鎖此應用程式的部分功能，點選 允許存取 。

一 激光寶盒雷射切割

以激光寶盒電射切割招財貓，並設計 Halocode 嵌入的機構。

Step 1 點選 建立新專案 或 開啟內建的圖形 。

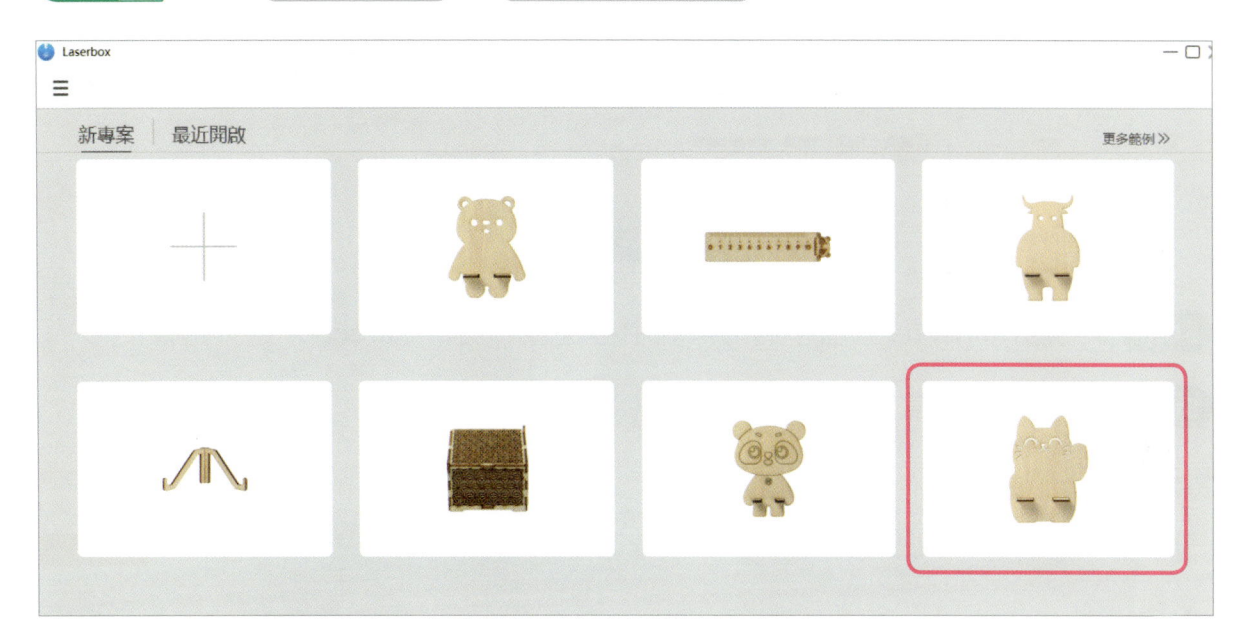

Step 2 點選 更多選項 > 匯入 ，選擇 光碟路徑 >Halocode 圖檔 > 開啟 ，匯入 Halocode 圖檔。

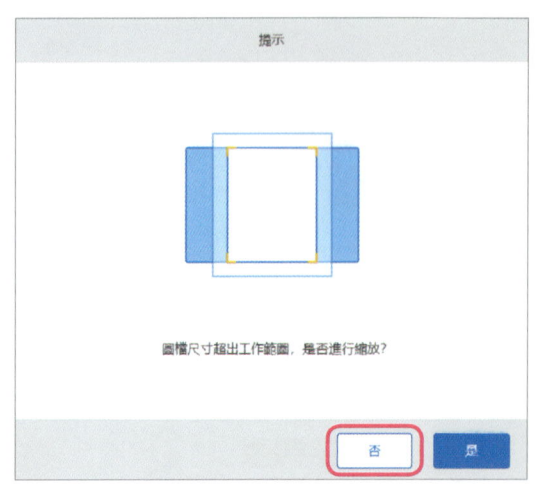

註：匯入時，如果出現調整圖形大小時，請按 No，不調整圖形大小。如果調整圖形大小，切割 Halocode 的形狀及 LED 的位置無法與原來 Halocode 密合。

Step 3 將 Halocode 圖檔移到招財貓中心位置，切割 Halocode 的外形及 LED。

Step 4 在激光寶盒放入材料，點選 Start 開始切割。

Step 5 將 Halocode 嵌入雷射切割的成品或任何實體裝置，就是造型可愛的電子招財貓。

10-3 當 Halocode 遇上激光寶盒

本節將利用激光寶盒雷射切割機成品，**設計 Halocode 的實體百變造型。**

請利用 Halocode 的 4 個觸摸感測器，設計 4 種 LED 功能，並將 Halocode 嵌入激光寶盒切割的外形中。

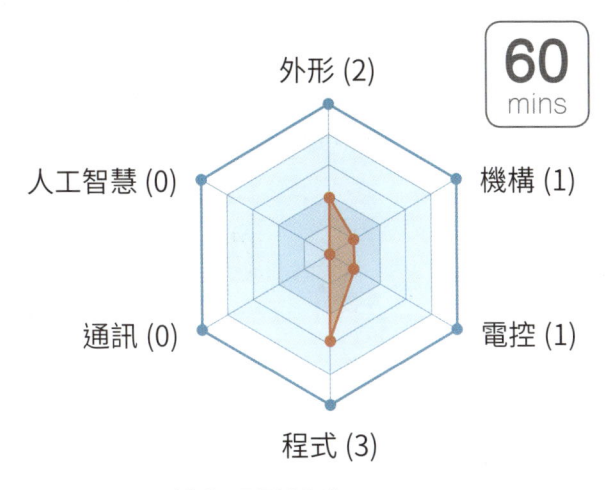

60 mins

創客題目編號：A027019

創客指標

外形	2
機構	1
電控	1
程式	3
通訊	0
人工智慧	0
創客總數	7

一、Halocode 招財貓手機架

將 Halocode 以 4 組螺絲與螺帽嵌入招財貓，螺絲具導電功能，因此只要觸摸 4 個螺絲就等同觸摸 0 ～ 3 的觸摸感測器。

嵌入 Halocode

4 組螺絲與螺帽

二 Halocode 黑熊手機架

將寫好程式上傳 Halocode 之後，只要外接電池盒供電，不需使用 USB 連接電腦。

外接電池盒

三 Halocode 麥克風

Halocode 內建麥克風，利用激光寶盒雷射切割麥克風，完成實體 Halocode 麥克風。

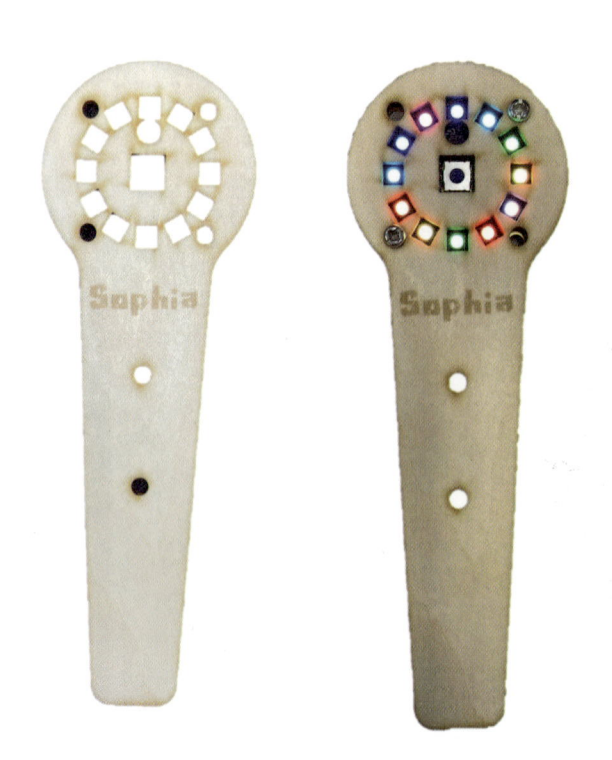

附錄

課後練習參考答案

Chapter 1

一、單選題

1	觸摸感測器
2	麥克風
3	接地腳位
4	按鈕
5	RGB LED

二、實作題

請參考完成範例檔案：ch1 ex1.mblock

ch1 ex2.mblock

Chapter 2

一、單選題

1	2	3	4	5	6	7	8	9	10
D	A	B	C	D	B	C	A	D	B

二、實作題

請參考完成範例檔案：ch2 百變 LED-ex1.mblock

ch2 百變 LED-ex2.mblock

Chapter 3

一、單選題

1	2	3	4	5	6	7	8	9	10
B	D	A	C	D	B	D	C	A	B

二、實作題

請參考完成範例檔案：ch3 搖搖盃短跑競賽 -ex1.mblock

ch3 搖搖盃短跑競賽 -ex2.mblock

Chapter 4

一、單選題

1	2	3	4	5	6	7	8	9	10
A	D	C	B	A	C	D	B	A	C

二、實作題

請參考完成範例檔案：ch4 猜猜我是誰 -ex1.mblock
ch4 猜猜我是誰 -ex2.mblock

Chapter 5

一、單選題

1	2	3	4	5	6	7	8	9	10
B	A	C	B	D	C	D	C	B	A

二、實作題

請參考完成範例檔案：ch5 18 禁賽車 -ex1.mblock
ch5 18 禁賽車 -ex2.mblock

Chapter 6

一、單選題

1	2	3	4	5	6	7	8	9	10
A	C	B	D	A	B	C	C	A	B

二、實作題

請參考完成範例檔案：ch6 Halocode 遙控 Halocode- 發送 -ex1.mblock
ch6 Halocode 遙控 Halocode- 接收 -ex2.mblock

Chapter 7

一、單選題

1	2	3	4	5	6	7	8	9	10
A	D	A	B	C	D	B	C	A	D

二、實作題

請參考完成範例檔案：ch7 語音識別播氣象 -ex1.mblock
　　　　　　　　　　ch7 語音識別播氣象 -ex2.mblock

Chapter 8

一、單選題

1	2	3	4	5	6	7	8	9	10
C	B	A	C	D	A	B	C	C	D

二、實作題

請參考完成範例檔案：ch8 區域網路即時回饋搶答 - 接收 ex1.mblock
　　　　　　　　　　ch8 區域網路即時回饋搶答 - 接收 ex2.mblock
　　　　　　　　　　ch8 域網路即時回饋搶答 - 發送 -ex2.mblock

Chapter 9

一、單選題

1	2	3	4	5	6	7	8	9	10
D	A	B	D	A	B	A	C	D	D

二、實作題

請參考完成範例檔案：ch9 halocode 遙控 mbot-ex1.mblock
　　　　　　　　　　ch9 halocode 遙控 mbot-ex2.mblock

Makeblock Halocode 光環板

產品編號：5001551
建議售價：$660

特色：
1. 內置的 Wi-Fi 模組，具備無線聯網功能，並搭載 Mesh 組網的功能，可以實現多塊板間聯網通訊運用，而不需透過路由器。
2. 內置麥克風，結合慧編程 (mBlock5) 搭載的微軟雲服務 (Azure)、Google 機器人深度學習 (Deep Learning) 等技術，可以實現語音辨識等相關的應用。
3. 搭載 4M 的記憶體和雙核處理器，讓這塊僅有 45mm 的程式設計開發板具備性能強勁的計算處理能力，具備真正的多執行緒功能，簡單幾個程序即可同時執行多個動作。
4. 既可以用 Micro USB 線連接電腦，又可以配合藍牙適配器實現無線燒錄。

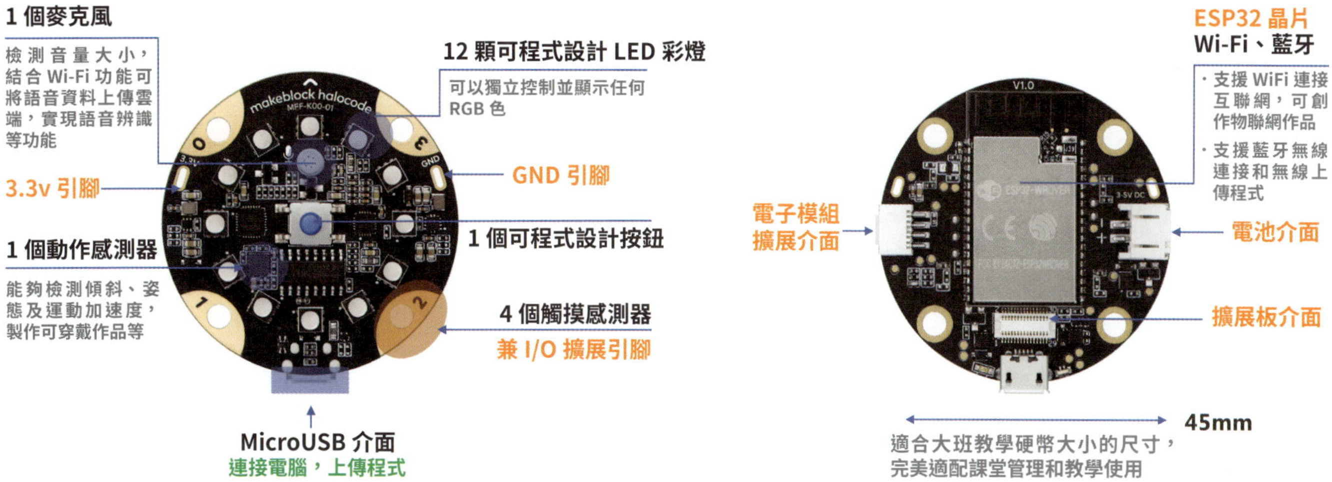

1 個麥克風
檢測音量大小，結合 Wi-Fi 功能可將語音資料上傳雲端，實現語音辨識等功能

3.3v 引腳

1 個動作感測器
能夠檢測傾斜、姿態及運動加速度，製作可穿戴作品等

12 顆可程式設計 LED 彩燈
可以獨立控制並顯示任何 RGB 色

GND 引腳

1 個可程式設計按鈕

4 個觸摸感測器
兼 I/O 擴展引腳

MicroUSB 介面
連接電腦，上傳程式

ESP32 晶片 Wi-Fi、藍牙
- 支援 WiFi 連接互聯網，可創作物聯網作品
- 支援藍牙無線連接和無線上傳程式

電子模組擴展介面

電池介面

擴展板介面

45mm
適合大班教學硬幣大小的尺寸，完美適配課堂管理和教學使用

Maker 指定教材

輕課程 學 Scratch (mBlock5) 程式設計 - 使用 Halocode 光環板 輕鬆創作 AI 和 IoT 應用
書號：PN025　作者：連宏城
建議售價：$300

輕課程 學 Python 程式設計 - 使用 Makeblock Halocode 光環板 輕鬆創作 AI 和 IoT 應用
書號：PN026　作者：連宏城
建議售價：$400

輕課程 用主題範例學運算思維與程式設計 - 使用 Halocode 光環板與 Scratch3.0(mBlock5) 含 AIoT 應用專題 (範例素材 download)
書號：PN078　作者：王麗君
建議售價：$300

加購
Micro USB 數據線 (線長 90CM)　產品編號：0197014　建議售價：$100
Makeblock 藍牙適配器　產品編號：5001465　建議售價：$600

產品規格比較		Makeblock Halocode 光環板	BBC micro:bit
搭配編程軟體		mBlock5 (Scratch3.0)：可一鍵轉 Python 或直接使用 Python 編輯器。	MakeCode Blocks、Python
處理器	晶片	ESP32 (Xtensa 雙核處理器)	ARM (Cortex-M0 單核處理器)
	主頻	240Mhz	16Mhz
板載記憶體	Flash ROM	440K	256K
	RAM	520K	16K
擴充記憶體	存儲（SPI Flash）	4MB	—
	記憶體（PSRAM）	4MB	—
板載元件	電控模組	麥克風 ×1、RGB LED ×12、動作感測器 (加速度計和陀螺儀)×1、按鈕 ×1、觸摸感測器 (通用 I/O 埠)×4	單色 LED ×25、動作感測器 (加速度計和電子羅盤)×1、按鈕 ×2、觸摸感測器 (通用 I/O 埠)×3
	通訊模組	Micro USB 接頭	Micro USB 接頭
		藍牙、Wi-Fi（雙模式，支援 Mesh 組網）	藍牙、2.4G

※ 價格 ‧ 規格僅供參考　依實際報價為準

JYiC.net 勁園國際股份有限公司 www.jyic.net
諮詢專線：02-2908-5945 或洽轄區業務
歡迎辦理師資研習課程

makeblock
激光寶盒智能雷雕機 —— 專業教育版

500 萬像素超廣角鏡頭結合 AI 電腦視覺演算法，使激光寶盒具備了"辨"的能力，專為教育現場及跨領域學習而量身打造，簡單、安全、易上手！

產品編號：5001307
建議售價：$148,000

介紹影片

唯有「激光寶盒」

簡 單

☑ **所畫即所得**
繪出獨一無二的圖案，無須電腦軟體操作，就算不會繪圖軟體照樣三步完成作品。

☑ **智能魚眼鏡頭**
鏡頭的可視範圍為 49×29cm，搭配軟體可進行自動對焦、自動識別材料種類、智能圖像提取等功能。

☑ **防呆環形碼板材**
軟體透過環形碼可識別板材種類、板材厚度，自動設定最佳化參數，不須做複雜設定。

☑ **機台啟動自動校正**
具有 AI 圖像矯正演算法，激光寶盒移動位置後，不需要經過複雜校正，開機即可使用。

☑ **輕鬆搬運的體積與重量**
體積適中，不笨重，容易搬移，移動後無須特別設定，活動展示使用率更高。

☑ **全機一開關**
單一按鈕擺脫繁瑣的控制面板，參數可由電腦端軟體設定，具有持續更新的優勢。

安 全

☑ **輸入電壓 110V**
符合台灣用電環境，不須額外拉 220V 的電。

☑ **煙霧淨化器四層高效過濾**
可吸附 99.7% 大小為 0.3 微米的懸浮顆粒，對 PM2.5 去除率超過 99%，確實去除煙塵、味道不刺激。

☑ **開蓋即停、斷訊後續工**
具有氣壓頂桿，開蓋會半自動彈起，且在工作中斷後，可繼續工作。

☑ **多種高性能感測器**
雷射高溫預警、水冷系統水位預警、雷射頭復位預警、鏡頭異常預警、濾芯堵塞預警等安全性功能。

加購
激光寶盒煙霧淨化器濾芯包（3 個裝）
產品編號：5001308　建議售價：$4,000
激光寶盒尼龍布伸縮風管（10 公尺）
產品編號：5001309　建議售價：$1,000
到校安裝、說明方案
產品編號：4090001　建議售價：$5,000

※ 價格・規格僅供參考　依實際報價為準

JYiC.net 勁園國際股份有限公司 www.jyic.net
諮詢專線：02-2908-5945 或洽轄區業務
歡迎辦理師資研習課程

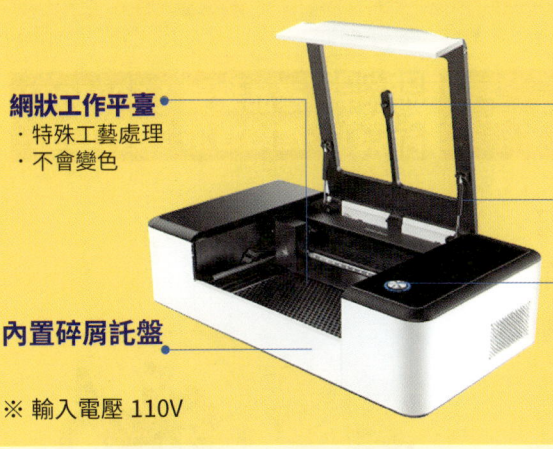

網狀工作平臺
・特殊工藝處理
・不會變色

40W 功率雷射管
500 萬像素超廣角攝像頭

氣壓緩衝頂桿

智能煙霧淨化器
・智能調節風量
・含一個高效濾心

環形燈按鈕，一鍵執行
・擺脫繁瑣的控制台
・所有設定都在電腦端軟體完成

內置碎屑託盤

※ 輸入電壓 110V

產品 超 智能

Maker 指定教材
輕課程 玩轉創意雷雕與實作
使用激光寶盒 LaserBox（範例 download）
書號：PN004　作者：許栢宗・木百貨團隊
建議售價：$300

所畫即所得，3 步即可完成切割
無需電腦專業作圖軟體，只需在材料繪製出圖案，按下按鍵依照圖案進行切割／雕刻，三步即可讓創意快速成型。

智能識別材料，自動設置參數，自動對焦
通過識別材料上的環形碼，軟體自動設置好與當前材料匹配的參數。具備自動對焦功能，激光寶盒移動位置後，不需要再次校正。

自動掃描操作介面，在任意位置切割／雕刻
激光寶盒配備 500 萬像素廣角鏡頭，使雷射內的材料可顯示在軟體介面上，用戶可將導入的圖形拖動到材料的任意位置，按下按鈕，開啟一鍵切割／雕刻。

智能圖像提取
你可以提取任意物體（書籍，畫冊等）表面上的圖案到軟體中，並將其應用到自己的創作中。

智能路徑規劃，工時預覽，任務即時同步
激光寶盒內置智慧路徑規劃演算法，大幅提升雷射的工作效率，你可以在軟體介面即時查看工作進度和剩餘時間，時刻掌控你的工作進程。

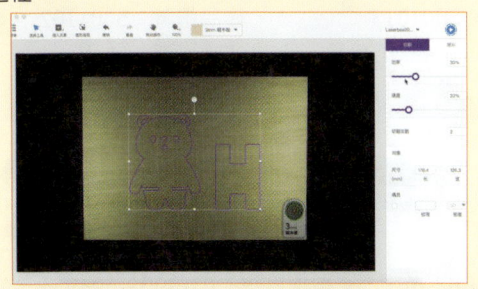

開蓋即停，智慧煙霧淨化，安全節能環保
智慧煙霧淨化器會在雷射工作時自動開啟，並根據當前操作（切割／雕刻）自動調整風量大小，將切割產生的煙霧吸走並過濾。

mBot 輪型機器人 V1.1（藍色藍牙版）

產品編號：5001001
建議售價：$3,135

mBot 是基於 Arduino 平台的程式教育機器人，支援藍牙或者 2.4G 無線通訊，具有手機遙控、自動避障和循跡前進等功能，搭配 Scratch(mBlock) 採用直覺式圖形控制介面，只要會用滑鼠，就能學會寫程式！！

自動避障
可偵測前方障礙物距離，完成避障任務。

循跡前進
可沿著地面上的線段行駛前進。

主控板標示：
- RGB LED
- RJ25 接頭
- 藍牙模組
- 蜂鳴器
- 紅外線接收器
- 光線感應器
- 紅外線發射器
- 按鈕
- 馬達接頭

擴展 AI 人工智慧

mBuild AI 視覺模組
產品編號：5001476
建議售價：$2,950

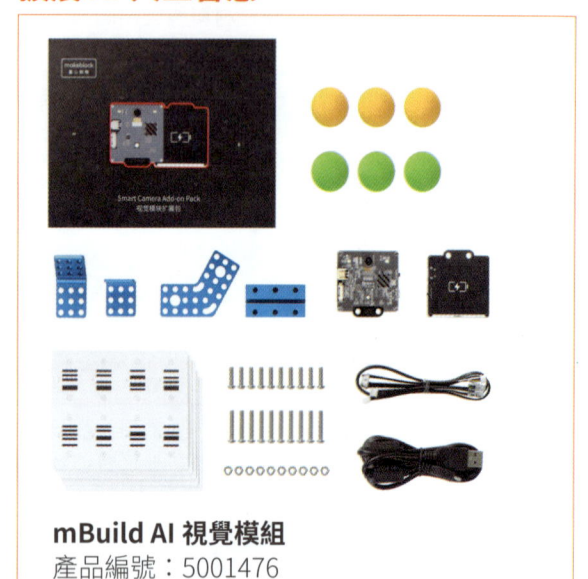

快速組裝 只需要一把螺絲起子，搭配金屬積木與電控模組，快速組裝出可愛 mBot。

零件清單

鋁合金底盤	mCore 主控板	塑膠滾輪	塑膠輪胎	直流馬達
超音波模組	藍牙模組	循跡模組	紅外線遙控器	電池盒
螺絲起子	螺絲包	USB 線	鋰電池	循跡場地圖

創客教育擴展系列

mBot 六足機器人擴展包
產品編號：5001011
建議售價：$890

mBot 伺服機支架擴展包
產品編號：5001012
建議售價：$890

mBot 聲光互動擴展包
產品編號：5001013
建議售價：$890

表情面板 (LED 陣列 8×16)
產品編號：5001102
建議售價：$410

※ 價格‧規格僅供參考　依實際報價為準

JYiC.net 勁園國際股份有限公司 www.jyic.net

諮詢專線：02-2908-5945 或洽轄區業務
歡迎辦理師資研習課程